PLC 技术及应用题解与案例分析

主　编　江明颖

副主编　吴　峰

北京理工大学出版社

BEIJING INSTITUTE OF TECHNOLOGY PRESS

内 容 简 介

本书从应用的角度出发，介绍了PLC技术及应用的主要知识点及实际应用案例，包括PLC概述、S7-300PLC的系统特性、STEP 7应用、S7-300PLC的编程语言与指令系统、S7程序结构与程序设计、顺序控制与S7-GRAPH编程、西门子PLC通信技术等知识点，第一篇每章配有习题与解析，以指导读者深入地进行学习。第二篇案例分析部分列举了不同应用领域的实际应用案例，并配有分析过程及详解，侧重解题的探索过程。

本书内容紧扣实践教学要求，注重理论联系实际，既可作为高等院校电气类、电子信息类、自动化类等专业的教学和学习指导用书，也可作为大学生课外科技创新竞赛的学习指导用书，还可供相关编程人员参考使用。

图书在版编目（C I P）数据

PLC技术及应用题解与案例分析／江明颖主编. --
北京：北京理工大学出版社，2024.3
　　ISBN 978-7-5763-3681-8

　　Ⅰ. ①P… 　Ⅱ. ①江… 　Ⅲ. ①PLC技术 　Ⅳ.
①TM571. 61

中国国家版本馆 CIP 数据核字（2024）第 054008 号

责任编辑：白煜军　　**文案编辑：**李　硕
责任校对：刘亚男　　**责任印制：**李志强

出版发行／北京理工大学出版社有限责任公司
社　　址／北京市丰台区四合庄路6号
邮　　编／100070
电　　话／（010）68914026（教材售后服务热线）
　　　　　　（010）68944437（课件资源服务热线）
网　　址／http://www.bitpress.com.cn

版 印 次／2024 年 3 月第 1 版第 1 次印刷
印　　刷／河北盛世彩捷印刷有限公司
开　　本／787 mm×1092 mm　1/16
印　　张／14.5
字　　数／340 千字
定　　价／89.00 元

图书出现印装质量问题，请拨打售后服务热线，负责调换

前 言

PLC 即可编程逻辑控制器，全称为 Programmable Logic Controller，是以微处理器为核心，集计算机技术、自动控制技术和通信技术于一体的通用工业自动控制装置，目前被广泛应用于冶金、能源、化工、交通、电力等领域，与机器人、CAD/CAM 合称现代工业控制的三大支柱。

随着新一代产业经济浪潮的到来，智能制造 2025 成为国家战略，控制领域的新技术不断涌现，现代企业对 PLC 技术人员的需求也日益增大。PLC 技术及应用课程的特点是知识点多，内容涉及面广，指令繁多，学生需要进行相应的练习并掌握一些典型的工程实际案例，以加深对指令及编程技巧的理解与掌握。因此，本书对各章节的知识点进行了归纳总结，并增加了同步练习、答案解析及典型案例与分析，能够通过练习帮助读者巩固知识点，领悟工程控制理念。

本书的编写贯彻落实立德树人育人理念，以习近平新时代中国特色社会主义思想为指导，并围绕"科技报国、工程伦理、科学精神与思想、工匠精神、安全与环保意识"展开，全面贯彻落实党的二十大精神，以中国式现代化推进中华民族伟大复兴，培养担当民族复兴大任的时代新人。本书集知识点归纳、习题解析与工程案例分析于一体，注重解题的探索过程，将知识、技能、职业素养、工匠精神的培育有机结合，符合专业培养要求，遵循学生认知规律，体现了先进的教育理念和产业发展的新技术、新工艺、新规范、新标准。

本书是辽宁工业大学的立项教材，并由辽宁工业大学资助出版，全书由辽宁工业大学江明颖老师和吴峰老师共同编写。教材内容条理清晰、难易得当，既注重理论基础又强调实际应用，可供不同层次、不同知识背景的学生学习使用。全书分为两篇：第一篇为知识点归纳与习题解析，由江明颖老师编写，包括知识点归纳、同步练习及答案解析，主要注重基础知识的练习及应用，使学生打下坚实的理论基础，培养学生脚踏实地、求真务实、勤奋刻苦的精神，树立正确的世界观、人生观和价值观，可作为课内学习及课后复习指导；第二篇为案例分析，由吴峰老师编写，选取的案例具有典型性与先进性，涉及各个应用领域，并将西门子 PLC 大学生科技竞赛的相关典型案例引入教材，强调实际工程应用，设置了具有一定难度的工程应用案例，提高学习挑战度，也可作为大学生课外科技创新竞赛的学习指导材料。

本书在编写过程中得到了上海自动化设备有限公司高级工程师陈建伟的帮助和支持，同时也要感谢汤海祺和王志强两位同学对部分程序验证提供的帮助。本书的顺利出版，还

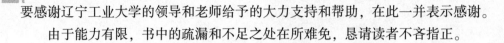

要感谢辽宁工业大学的领导和老师给予的大力支持和帮助,在此一并表示感谢。

由于能力有限,书中的疏漏和不足之处在所难免,恳请读者不吝指正。

编　者

2023 年 10 月

目　录

第一篇　知识点归纳与习题解析

第1章　PLC 概述 ……………………………………………………………………（3）

　1.1　知识点归纳 …………………………………………………………………（3）

　　1.1.1　PLC 的产生 ……………………………………………………………（3）

　　1.1.2　PLC 的定义 ……………………………………………………………（3）

　　1.1.3　PLC 的分类 ……………………………………………………………（3）

　　1.1.4　PLC 的特点 ……………………………………………………………（5）

　　1.1.5　PLC 的基本硬件结构 …………………………………………………（5）

　　1.1.6　PLC 的工作原理 ………………………………………………………（6）

　　1.1.7　PLC 的编程语言 ………………………………………………………（7）

　　1.1.8　PLC 与继电接触器控制系统、单片机系统的比较 …………………（7）

　1.2　同步练习 ……………………………………………………………………（9）

　1.3　答案解析 ……………………………………………………………………（10）

第2章　S7-300PLC 的系统特性 …………………………………………………（12）

　2.1　知识点归纳 …………………………………………………………………（12）

　　2.1.1　S7-300PLC 的组成 ……………………………………………………（12）

　　2.1.2　S7-300PLC 的 CPU 模块 ……………………………………………（13）

　　2.1.3　S7-300PLC 的信号模块 ………………………………………………（15）

　　2.1.4　S7-300PLC 的硬件组态 ………………………………………………（16）

　2.2　同步练习 ……………………………………………………………………（19）

　2.3　答案解析 ……………………………………………………………………（20）

第3章　STEP 7 应用 ………………………………………………………………（23）

　3.1　知识点归纳 …………………………………………………………………（23）

　　3.1.1　STEP 7 的项目结构 ……………………………………………………（23）

　　3.1.2　STEP 7 软件的编程语言 ………………………………………………（23）

　　3.1.3　S7-300PLC 的硬件组态示例 …………………………………………（24）

　3.2　同步练习 ……………………………………………………………………（25）

　3.3　答案解析 ……………………………………………………………………（25）

第4章　S7-300PLC 的编程语言与指令系统 ·· (27)

4.1　知识点归纳 ·· (27)

4.1.1　数据类型 ·· (27)

4.1.2　指令基础 ·· (29)

4.1.3　位逻辑指令 ·· (31)

4.1.4　定时器指令 ·· (37)

4.1.5　计数器指令 ·· (48)

4.1.6　数字指令 ·· (52)

4.1.7　控制指令 ·· (61)

4.2　同步练习 ·· (63)

4.3　答案解析 ·· (66)

第5章　S7 程序结构与程序设计 ··· (81)

5.1　知识点归纳 ·· (81)

5.1.1　S7-300PLC CPU 模块中的程序 ··· (81)

5.1.2　用户程序中的块结构 ·· (81)

5.1.3　用户程序结构 ·· (83)

5.1.4　数据块中的数据存储 ·· (85)

5.1.5　数据块的数据类型 ·· (85)

5.1.6　建立数据块 ·· (86)

5.1.7　访问数据块 ·· (86)

5.1.8　逻辑块的结构及编程 ·· (86)

5.2　同步练习 ··· (101)

5.3　答案解析 ··· (103)

第6章　顺序控制与 S7-GRAPH 编程 ··· (107)

6.1　知识点归纳 ··· (107)

6.1.1　顺序控制设计法 ·· (108)

6.1.2　顺序功能图 ·· (108)

6.1.3　顺序控制梯形图 ·· (112)

6.1.4　S7-GRAPH 的应用 ·· (119)

6.2　同步练习 ··· (120)

6.3　答案解析 ··· (120)

第7章　西门子 PLC 通信技术 ·· (124)

7.1　知识点归纳 ··· (124)

7.1.1　西门子 PLC 的通信接口 ·· (124)

7.1.2　西门子 PLC 的通信网络 ·· (124)

7.2　同步练习 ··· (126)

7.3　答案解析 ··· (126)

第二篇 案例分析

第 8 章 开关量逻辑控制应用案例 ·· (131)
  8.1 抢答器的控制 ··· (131)
    8.1.1 控制要求 ·· (131)
    8.1.2 案例分析 ·· (131)
    8.1.3 案例详解 ·· (132)
  8.2 直流电机的正反转控制 ·· (133)
    8.2.1 控制要求 ·· (133)
    8.2.2 案例分析 ·· (134)
    8.2.3 案例详解 ·· (134)
  8.3 带时间限制功能的抢答器控制系统设计 ····································· (138)
    8.3.1 控制要求 ·· (138)
    8.3.2 案例分析 ·· (138)
    8.3.3 案例详解 ·· (139)
  8.4 LED 闪烁控制 ·· (140)
    8.4.1 控制要求 ·· (140)
    8.4.2 案例分析 ·· (140)
    8.4.3 案例详解 ·· (143)
第 9 章 模拟量采集及数据处理应用案例 ·································· (145)
  9.1 物料称重的数据采集及处理 ··· (145)
    9.1.1 控制要求 ·· (145)
    9.1.2 案例分析 ·· (146)
    9.1.3 案例详解 ·· (146)
  9.2 液体流量的数据采集与处理 ··· (155)
    9.2.1 控制要求 ·· (155)
    9.2.2 案例分析 ·· (155)
    9.2.3 案例详解 ·· (155)
第 10 章 运动控制应用案例 ··· (157)
  10.1 步进电机的控制 ··· (157)
    10.1.1 控制要求 ··· (157)
    10.1.2 案例分析 ··· (158)
    10.1.3 案例详解 ··· (159)
  10.2 变频器控制 AC380V 交流电机 ·· (169)
    10.2.1 控制要求 ··· (169)
    10.2.2 案例分析 ··· (169)
    10.2.3 案例详解 ··· (170)

第11章　工业过程控制应用案例 ································· （176）

11.1　水箱液位的数据采集及处理 ························ （176）

11.1.1　控制要求 ······································· （176）

11.1.2　案例分析 ······································· （176）

11.1.3　案例详解 ······································· （176）

11.2　加热水箱温度的数据采集及处理 ··············· （187）

11.2.1　控制要求 ······································· （187）

11.2.2　案例分析 ······································· （187）

11.2.3　案例详解 ······································· （187）

第12章　通信及联网应用案例 ································· （193）

12.1　S7单边通信 ··· （193）

12.1.1　控制要求 ······································· （193）

12.1.2　案例分析 ······································· （193）

12.1.3　案例详解 ······································· （194）

12.2　开放式用户通信 ···································· （206）

12.2.1　控制要求 ······································· （206）

12.2.2　案例分析 ······································· （206）

12.2.3　案例详解 ······································· （206）

参考文献 ··· （223）

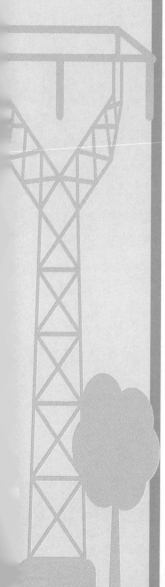

第一篇　知识点归纳与习题解析

本篇主要包括知识点归纳、同步练习及答案解析，侧重基础知识的练习与基础训练应用。在对 PLC 课程的主要知识点进行归纳总结的基础上，编写了大量同步练习题，并配有习题答案与解析，不仅注重基础知识的练习与讲解，更注重解题思路的分析、编程技巧的引领与设计方法的点拨，有利于学生对基本理论知识的掌握和深入理解。

第 1 章 PLC 概述，涉及的知识点包括 PLC 的产生、定义、分类、特点、基本硬件结构、工作原理及编程语言等。同步练习包括填空题、判断题及简答题。

第 2 章 S7-300PLC 的系统特性，涉及的知识点包括 S7-300PLC 的组成、CPU 模块、信号模块、硬件组态等。同步练习包括填空题、简答题及硬件设计题。

第 3 章 STEP 7 应用，涉及的知识点包括 STEP 7 的项目结构、编程语言及 S7-300PLC 的硬件组态示例。同步练习包括简答题和 STEP 7 练习题。

第 4 章 S7-300PLC 的编程语言与指令系统，涉及的知识点包括数据类型、指令基础、位逻辑指令、定时器指令、计数器指令、数字指令、控制指令。同步练习包括填空题、简答题、编程题及实际应用设计题。

第 5 章 S7 程序结构与程序设计，涉及的知识点包括 S7-300PLC CPU 模块中的程序、用户程序中的块结构、用户程序结构、数据块中的数据存储、数据块的数据类型、建立数据块、访问数据块、逻辑块的结构及编程。同步练习包括选择题、简答题、编程题等。

第 6 章 顺序控制与 S7-GRAPH 编程，涉及的知识点包括顺序控制设计法、顺序功能图、顺序控制梯形图、S7-GRAPH 的应用。同步练习包括简答题、顺序控制梯形图设计。

第 7 章 西门子 PLC 通信技术，涉及的知识点包括西门子 PLC 的通信接口和通信网络。同步练习包括网络组态练习。

通过对本篇内容的学习，学生能够全面、系统地掌握 PLC 的基本原理、功能、应用、程序设计方法及编程技巧，同时具备 PLC 控制系统硬件设计、软件编程及调试能力，为 PLC 基础知识的掌握打下扎实的理论基础。

PLC 概述

PLC(Programmable Logic Controller)即可编程逻辑控制器，它是以微处理器为核心，集计算机技术、自动控制技术和通信技术于一体的通用工业自动控制装置，目前被广泛应用于冶金、能源、化工、交通、电力等领域，已成为现代工业控制的三大支柱之一。

1.1 知识点归纳

1.1.1 PLC 的产生

1968 年，美国最大的汽车制造商——美国通用汽车公司公开招标，并从用户角度提出了新一代控制器应具备的十大条件，引起了开发热潮。1969 年，美国数字设备公司研制出第一台 PLC，型号为 PDP-14。

最初的 PLC 只具备逻辑控制、定时、计数等功能，主要用来取代继电式接触器。我们现在所说的可编程控制器(Programmable Controller，PC)是 1980 年以来，美、日、德等国由先前的 PLC 进一步发展而来。为了和个人计算机(Personal Computer，PC)区别，本书将可编程控制器也称为 PLC。

1.1.2 PLC 的定义

国际电工委员会对 PLC 的定义如下："PLC 是一种数字运算操作的电子系统，专为在工业环境应用而设计。它采用一类可编程的存储器，用于其内部存储程序，执行逻辑运算、顺序控制、定时、计数与算术操作等面向用户的指令，并通过数字或模拟式输入/输出控制各种类型的机械或生产过程。可编程控制器及其有关外部设备，都按能够与工业控制系统组成一个整体，易于扩充其功能的原则来设计。"

总之，PLC 本质上就是一台专为工业环境应用而设计制造的计算机。

1.1.3 PLC 的分类

PLC 从诞生至今，其形式多种多样，功能也不尽相同，一般可以从以下几个方面进行分类。

1. 根据结构形式分类

根据结构形式不同，PLC 可以分为以下两种。

（1）紧凑型整体式 PLC。

紧凑型整体式 PLC 是将电源、CPU、I/O 接口等都集成到一个壳体内，其主要特点是结构紧凑、体积小、重量轻、价格相对较低，如西门子 S7-200 系列 PLC。

（2）标准模块式 PLC。

标准模块式 PLC 是将 PLC 的各组成部分以模块的形式分开，如电源模块、CPU 模块、输入模块、输出模块及各种功能模块等，各模块的功能相互独立，用户可以根据具体应用要求选择合适的模块，将其安装到固定的机架上。标准模块式 PLC 的主要特点是配置灵活、便于扩展、装配方便，如西门子 S7-300/400 系列 PLC。

2. 根据 I/O 点数分类

根据 I/O 点数不同，PLC 可以分为以下 3 种。

（1）小型 PLC。

小型 PLC 的 I/O 点数一般为 256 以下，如西门子 S7-200 系列 PLC。

（2）中型 PLC。

中型 PLC 的 I/O 点数一般为 256~2 048，如西门子 S7-300 系列 PLC。

（3）大型 PLC。

大型 PLC 的 I/O 点数一般为 2 048 以上，如西门子 S7-400 系列 PLC。

3. 根据控制规模分类

根据控制规模不同，PLC 可以分为以下 3 种。

（1）低档 PLC。

低档 PLC 的控制功能和运算能力一般，如西门子 S7-200 系列 PLC。

（2）中档 PLC。

中档 PLC 的控制功能和运算能力较强，如西门子 S7-300 系列 PLC。

（3）高档 PLC。

高档 PLC 的控制功能和运算能力极强，如西门子 S7-400 系列 PLC。

4. 根据产品地域流派分类

根据产品地域流派不同，PLC 可以分为以下 3 种。

（1）欧洲产品。

德国的西门子公司、AEG 公司、法国的 TE 公司是欧洲著名的 PLC 制造商。德国的西门子公司的电子产品因性能精良而久负盛名，在中、大型 PLC 产品领域与美国的 A-B 公司齐名。

（2）美国产品。

美国是 PLC 生产大国，有 100 多家 PLC 厂商，著名的有 A-B 公司、通用电气公司、莫迪康公司、德州仪器公司、西屋公司等。

（3）日本产品。

日本生产的小型 PLC 颇具特色，在小型机领域中颇具盛名，日本有许多 PLC 制造商，如三菱、欧姆龙、松下、富士、日立、东芝等。

1.1.4　PLC 的特点

(1)可靠性高，抗干扰能力强。
(2)具有丰富的 I/O 接口模块。
(3)采用模块化结构。
(4)运行速度快。
(5)功能完善。
(6)编程简单，易学易用。
(7)系统设计、安装、调试方便。
(8)拆装简单，维护方便。

1.1.5　PLC 的基本硬件结构

PLC 的基本硬件结构主要有 CPU、存储器、输入/输出接口、编程装置、电源等，PLC 基本硬件结构框图如图 1.1 所示。

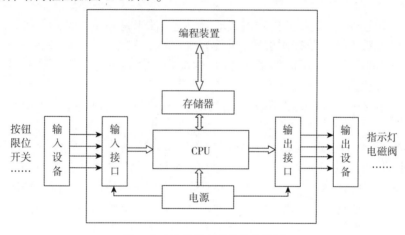

图 1.1　PLC 基本硬件结构框图

(1)CPU。

CPU 是系统运算、控制中心，其不断地采集输入信号，执行用户程序，刷新系统的输出。

(2)存储器。

存储器的主要作用是存放系统程序、用户程序和工作数据。PLC 的存储器可分为系统存储器、用户存储器和系统 RAM 存储器 3 种。

系统存储器主要存放系统程序，用户存储器主要存放各种用户程序，系统 RAM 存储器包括 I/O 映像区以及各类"软"设备，如定时器、计数器、逻辑线圈、累加器等各类存储器。

系统程序决定了 PLC 的基本性能，由 PLC 生产厂家设计，固化在 ROM 中，用户不能修改。

用户程序可以根据控制要求，由用户用 PLC 的编程语言进行编制。

（3）输入/输出接口。

输入/输出接口即 I/O 接口，是 PLC 与工业现场连接的接口，是 PLC 联系外部现场和 CPU 模块的桥梁。

输入接口的作用是接收和采集输入信号，输出接口的作用是控制输出设备和执行装置。

PLC 通过 I/O 接口可以检测被控对象的各种参数，以这些现场数据作为 PLC 对被控对象进行控制的信息依据。同时，PLC 又通过 I/O 接口将处理结果传输给被控设备或工业生产过程，从而实现控制。

（4）编程装置。

编程装置的主要作用是生成用户程序，即供用户对程序进行编辑、调试及监视。

（5）电源。

电源将外部提供的交流电转换为满足 PLC 工作需要的各种直流电，如 CPU、I/O 单元需要的 DC5V 工作电源，以及外部输入装置需要的 DC24V 工作电源。

1.1.6 PLC 的工作原理

PLC 中的继电器并不是实际的物理继电器，它实质上是存储器单元的状态。PLC 的用户程序（软件）代替了继电器控制电路（硬件），故可以将 PLC 等效成各种各样的"软继电器"和"软接线"的集合，而用户程序就是用"软接线"将"软继电器"及其"触点"按一定要求连接起来的"控制电路"。

PLC 的工作方式实际上就是不断地循环扫描，完成每一次扫描操作所用的时间被称为扫描周期。

PLC 内部的"软继电器"是由 PLC 内部的存储单元构成的，主要包括定时器、计数器等。"软继电器"可提供若干个常开、常闭触点供编程使用。PLC 中的继电器又分为内部继电器和外部继电器两大类，其中内部继电器只能供内部编程使用，不提供外部输出。外部继电器又分为输入继电器和输出继电器两种，其中输入继电器只能由外部信号驱动，不能由内部指令驱动，而输出继电器只能由 PLC 内部控制指令来驱动。

PLC 中的"软继电器"与实际的硬件继电器相比具有以下特点。

（1）反应速度快，噪声低，能耗小，体积小。

（2）功能强大，编程方便，可以随时修改程序。

（3）控制精度高，可进行复杂的程序控制。

（4）能够对控制过程进行自动检测。

（5）系统稳定，安全可靠。

在无中断或跳转控制的情况下，CPU 从第一条指令开始，按照顺序逐条扫描用户程序，直到用户程序结束，然后返回第一条指令开始新一轮的扫描。

PLC 的循环扫描过程可以分为以下 3 个阶段：输入采样阶段、执行程序阶段、输出刷新阶段。

1. 输入采样阶段

PLC 在输入采样阶段，首先扫描所有的输入端子，将输入端的输入状态进行采样，并将采样结果分别存入相应的输入映像寄存器中,此时输入映像寄存器被刷新。进入执行程序阶段后,在程序执行期间,即使输入状态变化,输入映像寄存器的内容也不会改变,输入状态的变化只会在下一个工作周期才被重新采样。若输入端子的某一外部输入电路被接通时,则对应的过程映像输入位变为状态 1,梯形图中对应的常开触点闭合,常闭触点断开。

2. 执行程序阶段

PLC 在执行程序阶段,总是按照从左到右、从上到下的扫描原则逐条地扫描用户程序,程序执行后的运算结果存入内存的输出过程映像寄存器。若梯形图中某一输出过程映像输出位的线圈断电,则对应的过程映像输出位变为状态 0。

3. 输出刷新阶段

当所有指令执行完后,PLC 就进入输出刷新阶段。此时,PLC 将输出映像寄存器中所有与输出有关的输出继电器的状态转存到输出锁存器中,并通过一定的方式输出,从而驱动外部负载。若某一输出过程映像输出位状态为 1,则继电器型输出模块对应的硬件继电器的线圈得电,其常开触点闭合,外部负载启动运行。

1.1.7 PLC 的编程语言

PLC 的编程语言根据生产厂家和机型而不同,目前,PLC 没有统一的编程语言,在使用不同厂家生产的 PLC 时,即使用了同一种编程语言也有一些差别。为了统一标准,国际电工委员会公布了 PLC 标准,该标准定义了 5 种 PLC 编程语言:梯形图(Ladder Diagram,LD)、语句表(Instruction List,IL)、功能块图(Function Block Diagram,FBD)、顺序功能图(Sequential Function Chart,SFC)、结构文本(Structured Text,ST)。

STEP 7 是 S7-300/400 系列 PLC 应用设计软件包,该软件的标准版支持梯形图、语句表及功能块图 3 种基本编程语言,并且可以相互转换。该软件专业版附加了对顺序功能图、结构化控制语言(Structured Control Language,SCL)、图形编程语言(HiGraph)、连续功能图(Continuous Function Chart,CFC)等编程语言的支持。

不同的编程语言可供不同知识背景的人员采用。

1.1.8 PLC 与继电接触器控制系统、单片机系统的比较

1. PLC 与继电接触器控制系统的比较

虽然 PLC 是由传统继电接触器控制系统演变而来的,但是二者之间存在很大的区别,下面从以下几点介绍它们的不同之处。

(1)工作方式不同。

继电器控制线路中各继电器同时都处于受控状态,属于并行工作方式。在 PLC 的控制逻辑中,各内部器件都处于周期性循环扫描过程中,各种逻辑、数值输出的结果都是按照程序计算得出的,所以属于串行工作方式。

在继电器控制电路中,当电源接通时,电路中所有继电器都处于受制约状态,即该吸

合的继电器都同时吸合，不该吸合的继电器受某种条件限制而不能吸合，这种工作方式被称为并行工作方式。PLC的用户程序是按一定顺序循环执行，所以各软继电器都处于周期性循环扫描接通中，受同一条件制约的各个继电器的动作次序取决于程序扫描顺序，同它们在梯形图中的位置有关，称这种工作方式为串行工作方式。

（2）控制逻辑不同。

继电接触器控制系统采用硬接线逻辑，利用继电器机械触点的串联或并联及时间继电器等组合形成控制逻辑，其接线多且复杂、体积大、功耗大、故障率高，灵活性和扩展性很差。PLC采用存储器逻辑，其控制逻辑以程序方式存储在内存中，要改变控制逻辑，只需要改变程序即可，故灵活性和扩展性都很好。

（3）控制速度不同。

继电器控制逻辑依靠触点的机械动作实现控制，属于有触点控制，触点的开闭动作一般需要几十毫秒，工作频率低，且机械触点还会出现抖动等问题。PLC则通过程序指令控制电路来实现控制功能，属于无触点控制，一般一条用户指令的执行时间为几十微秒，速度极快，且不会出现抖动问题。

（4）可靠性和可维护性不同。

继电接触器控制系统中使用大量的机械触点，硬件接线多，触点开闭时容易受到电弧的损坏，且有机械磨损，寿命短，因此可靠性较差，线路复杂，维护工作量大。PLC控制系统采用微电子技术，大量的开关动作由无触点的半导体电路来完成，体积小、寿命长、可靠性高，外部线路简单，维护工作量小。PLC还配有自检和监督功能，能动态地监控程序的执行情况，为现场调试和维护提供了方便。

2. PLC与单片机系统的比较

PLC和单片机都是工业控制和自动化领域广泛应用的控制设备，都是通过编写程序来实现控制任务的，二者虽有相同之处，但也存在很大的差异，在选择使用时，应根据实际控制要求和应用环境综合考虑。

（1）PLC是建立在单片机之上的产品，单片机是一种集成电路，两者不具有可比性。

（2）单片机可以构成各种各样的应用系统，从微型、小型到中型、大型都可，PLC是单片机应用系统的一个特例。

（3）不同厂家的PLC有相同的工作原理、类似的功能和指标，因此有一定的互换性，质量有保证，编程软件正朝标准化方向迈进，这正是PLC获得广泛应用的基础。单片机应用系统则是"八仙过海，各显神通"，功能千差万别，质量参差不齐，学习、使用和维护都很困难。

（4）单片机用来实现自动控制时，一般要在I/O接口上做大量的工作。例如，要考虑现场与单片机的连接、接口的扩展、I/O信号的处理、接口工作方式等问题，除了要设计控制程序，还要在单片机的外围做很多软硬件工作，系统的调试也较复杂。PLC的I/O接口已经做好，输入接口可以与输入信号直接连线，非常方便，输出接口也具有一定的驱动能力。

1.2 同步练习

1. 填空题

(1)PLC 即＿＿＿＿＿＿＿＿，是专为在工业环境下应用而设计的一种数字运算操作的电子系统。

(2)美国数字设备公司于＿＿＿＿年，研制出第一台 PLC。

(3)PLC 从结构形式上可以分为＿＿＿＿和＿＿＿＿两种类型。

(4)PLC 硬件结构主要由＿＿＿＿、＿＿＿＿、＿＿＿＿、＿＿＿＿和＿＿＿＿构成。

(5)PLC 是通过循环扫描的方式实现控制的，每个扫描过程包括＿＿＿＿＿＿阶段、＿＿＿＿＿＿阶段和＿＿＿＿＿＿阶段。

(6)数字量输入模块某一外部输入电路接通时，对应的过程映像输入位为＿＿＿＿状态，梯形图中对应的常开触点＿＿＿＿，常闭触点＿＿＿＿。

(7)若梯形图中某一过程映像输出位 Q 的线圈"断电"，对应的过程映像输出位为＿＿＿＿状态，在写入输出模块阶段之后，继电器型输出模块对应的硬件继电器的线圈＿＿＿＿，其常开触点＿＿＿＿，外部负载＿＿＿＿。

2. 判断题

(1)输入继电器只能由外部信号驱动，而不能由内部指令来驱动。　　　　　　(　　)

(2)输出继电器可以由外部输入信号或 PLC 内部控制指令来驱动。　　　　　(　　)

(3)内部继电器既可以供内部编程使用，又可供外部输出。　　　　　　　　(　　)

(4)PLC 内部的"软继电器"由 PLC 内部的存储单元构成，包括定时器、计数器等，可提供若干个常开、常闭触点供编程使用。　　　　　　　　　　　　　　　(　　)

3. 简答题

(1)为了适应工业应用环境，PLC 一般应具备哪些特点？

(2)简述 PLC 的基本硬件结构。

(3)PLC 的工作方式是什么？一个扫描过程包括哪几个阶段？

(4)S7-300/400 系列 PLC 的标准版编程语言有哪些？

(5)PLC 的国际标准编程语言有哪几种？

(6)简述 PLC 的分类(至少写出 3 种不同的分类方式)。

(7)什么是可编程控制器？

(8)简述 PLC 与继电式接触器控制在工作方式上各有什么特点。

(9)简述 PLC 在扫描的过程中，输入映像寄存器和输出映像寄存器各起什么作用。

(10)PLC 与单片机系统的主要区别在哪里？

(11)PLC 中的"软继电器"与实际的继电器相比具有哪些特点？

1.3 答案解析

1. 填空题

(1)可编程逻辑控制器；(2)1969；(3)紧凑型整体式 PLC，标准模块式 PLC；(4)CPU，存储器，输入/输出接口，编程装置，电源；(5)输入采样，执行程序，输出刷新；(6)1，闭合，断开；(7)0，断电，断开，停止。

2. 判断题

(1)对，(2)错，(3)错，(4)对。

3. 简答题

(1)为了适应工业应用环境，PLC 一般应具备以下特点：可靠性高，抗干扰能力强；具有丰富的 I/O 接口模块；采用模块化结构；运行速度快；功能完善；编程简单，易学易用；系统设计、安装、调试方便；拆装简单，维护方便等。

(2)PLC 的基本硬件结构包括：CPU、存储器、输入/输出接口、编程装置、电源等。

(3)PLC 的工作方式是循环扫描。一个扫描过程包括输入采样、执行程序、输出刷新 3 个阶段。

(4)S7-300/400 系列 PLC 的标准版编程语言有梯形图、语句表和功能块图 3 种。

(5)PLC 的国际标准编程语言有梯形图、语句表、功能块图、顺序功能图和结构文本 5 种。

(6)根据 I/O 点数不同，可以分为小型、中型和大型 PLC 3 种；根据结构形式不同，可以分为紧凑型整体式和标准模块式 PLC 两种；根据控制规模不同，可以分为低档、中档和高档 3 种。

(7)可编程控制器可通过编程或软件配置改变控制对策，是一台为专业环境应用而设计制造的计算机，它具有丰富的输入/输出接口，并且具有较强的驱动能力。

(8)在继电器控制电路中，当电源接通时，电路中所有继电器都处于受制约状态，即该吸合的继电器都同时吸合，不该吸合的继电器受某种条件限制而不能吸合，称这种工作方式为并行工作方式。PLC 的用户程序是按一定顺序循环执行的，所以各软继电器都处于周期性循环扫描接通中，受同一条件制约的各个继电器的动作次序取决于程序扫描顺序，同它们在梯形图中的位置有关，称这种工作方式为串行工作方式。

(9)在输入采样阶段，PLC 以扫描方式按顺序将所有输入端的输入状态进行采样，并将采样结果分别存入相应的输入映像寄存器中，此时输入映像寄存器被刷新。进入程序执行阶段后，在程序执行期间，即使输入状态变化，输入映像寄存器的内容也不会改变，输入状态的变化只会在下一个工作周期才被重新采样。

当所有指令执行完后，进入输出刷新阶段。此时，PLC 将输出映像寄存器中所有与输出有关的输出继电器的状态转存到输出锁存器中，并通过一定的方式输出，驱动外部负载。

（10）二者的主要区别如下。

①PLC是建立在单片机之上的产品，单片机是一种集成电路，两者不具有可比性。

②单片机可以构成各种各样的应用系统，从微型、小型到中型、大型系统都可以，PLC是单片机应用系统的一个特例。

③不同厂家的PLC有相同的工作原理、类似的功能和指标，有一定的互换性，质量有保证。编程软件正朝标准化方向迈进，这正是PLC获得广泛应用的基础。单片机应用系统则是"八仙过海，各显神通"，功能千差万别，质量参差不齐，学习、使用和维护都很困难。

④单片机用来实现自动控制时，一般要在I/O接口上做大量的工作。例如，要考虑现场与单片机的连接、接口的扩展、I/O信号的处理、接口工作方式等问题，除了要设计控制程序，还要在单片机的外围做很多软硬件工作，系统的调试也较复杂。PLC的I/O接口已经做好，输入接口可以与输入信号直接连线，非常方便，输出接口也具有一定的驱动能力。

（11）软继电器具有以下特点。

①反应速度快，噪声低，能耗小，体积小。

②功能强大，编程方便，可以随时修改程序。

③控制精度高，可进行复杂的程序控制。

④能够对控制过程进行自动检测。

⑤系统稳定，安全可靠。

第 2 章

S7-300PLC 的系统特性

西门子公司的 PLC 产品有 S7、M7 和 C7 等几个系列。S7 系列是传统意义的 PLC 产品，是 SIMATIC(Siemems Automatic，西门子自动化)自动控制系统的关键部件。S7 系列主要包括 S7-200、S7-300 和 S7-400 等几个子系列，其中，S7-300PLC 是一种通用型 PLC，基于模块化的结构设计，采用 DIN 标准(德国工业标准)导轨安装，安装简单、配置灵活、扩展方便，可以对多种模块进行广泛的组合和扩展，适合自动化工程中的各种应用场合，尤其适合在生产制造工程中应用。

2.1 知识点归纳

2.1.1 S7-300PLC 的组成

S7-300PLC 由导轨和各种模块组成。

1. 导轨

导轨又称机架，主要作用是安装和连接 S7-300 模块。导轨采用特制不锈钢异形板(DIN 标准导轨)。

机架按照功能可以分为中央机架和扩展机架。中央机架又叫主机架或 0 号机架，S7-300PLC 至少有一个中央机架，或者由一个中央机架和一个或多个扩展机架组成。一个 S7-300PLC 最多可使用一个中央机架和 3 个扩展机架，通过接口模块连接。每个机架上除了电源模块、CPU 模块和接口模块外，最多只能安装 8 个信号模块或其他功能模块。

2. 各种模块

构成 S7-300PLC 的模块有电源模块(PS)、CPU 模块、信号模块(SM)、接口模块(IM)、通信模块(CP)、功能模块(FM)、占位模块(DM370)、仿真模块(SM374)等。

(1)电源模块。

电源模块的主要作用是将交流电源电压转换成 DC24V 工作电压，为 CPU 及 24V 直流负载电路提供电源。

S7-300PLC 有多种电源模块供用户使用，常用的有以下 4 种模块：PS305(2A)、

PS307(2A)、PS307(5A)、PS307(10A)。

以上4种模块可分为两类：一类是户外型电源模块(直流输入)PS305(2A)，它采用直流供电，输出为DC24V；另一类是标准型电源模块(交流输入)PS307，它采用AC120/230V供电，输出为DC24V，包括PS307(2A)、PS307(5A)、PS307(10A)3种。

(2)CPU模块。

CPU模块的主要作用是执行用户程序，同时也为S7-300PLC的背板总线提供DC5V电源。

(3)信号模块。

输入/输出模块统称为信号模块，主要用于信号的输入和输出。

信号模块分为数字量信号模块和模拟量信号模块。数字量信号模块包括数字量输入模块(DI)、数字量输出模块(DO)和数字量输入/输出模块(DI/DO)；模拟量信号模块包括模拟量输入模块(AI)、模拟量输出模块(AO)和模拟量输入/输出模块(AI/AO)。

(4)接口模块。

接口模块的主要作用是连接各个机架。S7-300PLC的接口模块有IM360、IM361和IM365等。

①双机架接口模块IM365。该模块用于S7-300PLC的双机架系统扩展。在双机架组态结构中，由两个IM365配对模块和一个368连接电缆组成。两个IM365模块分别作为发送模块和接收模块，其中一个IM365发送模块必须安装在中央机架(0号机架)的3号槽位，而另一个IM365接收模块必须安装在扩展机架(1号机架)的3号槽位。

②多机架接口模块IM360和IM361。该模块用于S7-300PLC的多机架系统扩展。在多机架组态结构中，IM360作为发送模块用来发送数据，必须安装在中央机架(0号机架)的3号槽位，而IM361作为接收模块用来接收数据，需要安装在扩展机架(1~3号机架)的3号槽位。数据通过368连接电缆从IM360传输到IM361，或者从IM361传输到下一个IM361，IM360和IM361必须配合使用。

(5)通信模块。

S7-300PLC具有多种通信模块，其主要作用是负责建立网络连接，扩展CPU的通信任务。

(6)功能模块。

功能模块是专门用于实现工艺功能的模块，其主要作用是实现某些特殊应用。常用的功能模块有位置模块、计数器模块、闭环控制模块等。

(7)占位模块。

占位模块的主要作用是为信号模块保留一个插槽的位置。

(8)仿真模块。

仿真模块的主要作用是在启动和运行时调试程序。

2.1.2　S7-300PLC的CPU模块

1. S7-300PLC的CPU型号的含义

下面以CPU 31XC-2DP为例进行介绍。

31X：表示CPU的序号(由低到高功能逐渐增强)。

C：表示CPU的类型。C表示紧凑型，T表示特种型，F表示故障安全型。

2：表示 CPU 所具有的通信接口个数。

DP：表示通信接口的类型。DP 表示 PROFIBUS-DP 接口，PN 表示 PROFINET 接口，PTP 表示点对点接口。

例如，CPU317T-2DP 表示 S7-300PLC 的 CPU 的序号为 317，属于特种型，具有两个 PROFIBUS DP 接口。

2. CPU 模块的分类

S7-300PLC 拥有各种不同性能的 CPU 模块，以满足不同控制场合的需要。S7-300PLC 的 CPU 模块有 23 种，可分为以下 6 类。

（1）紧凑型 CPU（6 种）。

CPU31XC 系列：CPU312C、CPU313C、CPU313C-2PTP、CPU313C-2DP、CPU314C-2PTP、CPU 314C-2DP。

（2）标准型 CPU（5 种）。

CPU31X 系列：CPU313、CPU314、CPU315、CPU315-2DP、CPU316-2DP。

（3）革新型 CPU（5 种）。

CPU31X 系列：CPU312、CPU314、CPU315-2DP、CPU317-2DP、CPU318-2DP。

（4）户外型 CPU（3 种）。

CPU312IFM、CPU314IFM、CPU314（户外型）。

（5）故障安全型 CPU（两种）。

CPU315F-2DP、CPU317F-2DP。

（6）特种型 CPU（两种）。

CPU317T-2DP、CPU317-2 PN/DP。

3. S7-300PLC 的 CPU 模块的操作

S7-300PLC 的 CPU 模块上有一些与操作及状态显示有关的模式选择开关和 CPU 工作状态/故障显示指示灯。

（1）模式选择开关。

CPU 面板上的模式选择开关一般有以下两种控制方式。

第一种是通过专用钥匙旋转控制，一般有 3 种工作模式（RUN、STOP、MRES）或 4 种工作模式（RUN、STOP、MRES、RUN-P）。

第二种是通过上下滑动来控制，一般有 3 种工作模式（RUN、STOP、MRES）。

不同工作模式的意义如下。

①RUN：运行模式。

在此模式下，CPU 执行用户程序，还可以通过编程设备读出、监控用户程序，但不能修改用户程序。在此位置可以拔出钥匙，以防程序正常运行时操作模式被改变。

②RUN-P：可编程运行模式。

在此模式下，CPU 不仅可以执行用户程序，在运行的同时，还可以通过编程设备读出、修改、监控用户程序。在此位置不能拔出钥匙。

③STOP：停机模式。

在此模式下，CPU 不执行用户程序，但可以通过编程设备从 CPU 中读出或修改用户程序。在此位置可以拔出钥匙。

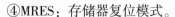

④MRES：存储器复位模式。

该位置不能保持，当开关在此位置释放时，将自动返回到STOP位置。从STOP模式切换到MRES模式时，可复位存储器，使CPU回到初始状态。该模式只有在程序错误、硬件参数错误、存储器卡未插入等情况下才需要使用。

（2）CPU工作状态/故障显示指示灯。

在CPU面板上，一般通过不同的指示灯来显示CPU当前的工作状态或故障。

①SF(红色)：系统出错/故障指示灯。CPU硬件或软件错误时，该指示灯亮。

②BATF(红色)：电池故障指示灯(只有CPU313和CPU314配备)。当电池失效或未装入时，该指示灯亮。

③DC5V(绿色)：+5 V电源指示灯。5 V电源正常时，该指示灯亮。

④FRCE(黄色)：强制作业有效指示灯。当有I/O处于被强制状态时，该指示灯亮。

⑤RUN(绿色)：运行状态指示灯。CPU处于"RUN"状态时该指示灯亮，处于"Startup"状态该指示灯以2 Hz频率闪烁，处于"HOLD"状态该指示灯以0.5 Hz频率闪烁。

⑥STOP(黄色)：停止状态指示灯。CPU处于"STOP"或"HOLD"或"Startup"状态时该指示灯亮，处于请求存储器复位时该指示灯以0.5 Hz频率闪烁，处于正在执行存储器复位状态时该指示灯以2 Hz频率闪烁。

⑦BUS DF(BF)(红色)：总线出错指示灯(只适用于带有DP接口的CPU)。当总线出错时该指示灯亮。

⑧SF DP：DP接口错误指示灯(只适用于带有DP接口的CPU)。当DP接口故障时该指示灯亮。

4. 通信接口

多点接口(Multi Point Interface，MPI)是西门子公司开发的用于PLC之间通信的保密协议。MPI通信是当对通信速率要求不高、通信数据量不大时，可以采用的一种简单、经济的通信协议。

所有的CPU都有一个MPI，有的CPU模块有一个MPI和一个PROFIBUS-DP接口，有的CPU模块有一个MPI/DP接口和一个DP接口。MPI用于PLC与其他西门子PLC、PG/PC、OP(Operatior Panel，操作面板)通过MPI网络的通信。PROFIBUS-DP用于与其他西门子带DP接口的PLC、PG/PC、OP和其他DP主站和从站的通信。

2.1.3 S7-300PLC的信号模块

用于信号输入/输出的模块被称为信号模块。

1. 数字量信号模块(SM32X)

数字量信号模块包括数字量输入模块SM321、数字量输出模块SM322、数字量输入/输出模块SM323/SM327。

数字量输入模块用于连接工业现场的标准开关数字式传感器等外部器件，其主要作用是把来自现场的外部数字量信号电平转换为PLC内部的信号电平。

数字量输出模块用于连接电磁阀、接触器、指示灯、电机启动器等负载，其主要作用是把PLC内部的信号电平转换为控制过程所需要的外部信号电平。

2. 模拟量信号模块(SM33X)

模拟量信号模块包括模拟量输入模块 SM331、模拟量输出模块 SM332、模拟量输入/输出模块 SM334/SM335。

模拟量输入模块的主要作用是将模拟量信号转换为 CPU 内部处理用的数字量信号。模拟量输入模块一般由多路开关、A/D 转换器、隔离元件、内部电源和逻辑电路组成。模拟量输入模块的输入信号一般是模拟量变送器输出的标准量程的直流电压、电流信号,有的模块也可以直接连接不带附加放大器的温度传感器(如热电偶、热电阻)。变送器的作用是将传感器提供的电量或非电量转换为标准量程的直流电流或直流电压信号,如 DC0~10 V 和 DC4~20 mA。

模拟量输出模块的主要作用是将 PLC 的数字信号转换成系统所需要的模拟量信号,用于连接模拟量调节器或执行机构。

2.1.4 S7-300PLC 的硬件组态

S7-300PLC 由一个主机架(必须有)和一个或多个扩展机架(根据需要可选)构成。若主机架模块数量不能满足控制应用的要求,则需要使用扩展机架。

主机架是安装 CPU 模块的机架,而未安装 CPU 模块的机架就是扩展机架,扩展机架必须通过接口模块和主机架进行连接。

S7-300PLC 的机架安装方式可以分为两种:水平方向安装和竖直方向安装。水平方向安装要求电源模块和 CPU 模块必须安装在左边,竖直方向安装要求电源模块和 CPU 模块必须安装在底部。

1. 单机架组态

在单机架组态结构中,只能使用一个机架,即主机架,除了电源模块、CPU 模块和接口模块外,最多只能再安装 8 个信号模块、功能模块或通信模块。各模块的安装顺序有固定的要求:电源模块总是安装在最左边的 1 号槽位上,CPU 模块总是安装在电源右边的 2 号槽位上,接口模块安装在 CPU 右边的 3 号槽位上(若不需要安装接口模块,则 3 号槽位建议安装一个占位模块,以方便后期扩展机架),对 4~11 号槽位上安装的模块不做硬性要求,用户可以根据应用要求自由分配信号模块、功能模块等。S7-300PLC 各模块安装示意图如图 2.1 所示。

注:槽位号是相对的,每个机架并不存在实际的物理槽位。

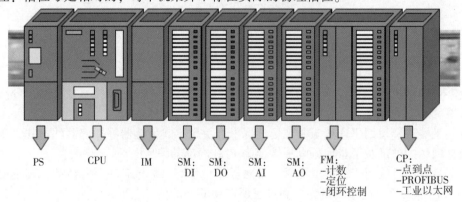

图 2.1　S7-300PLC 各模块安装示意图

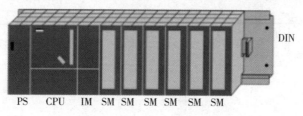

图 2.1 S7-300PLC 各模块安装示意图(续)

2. 多机架组态

在多机架组态结构中,除了一个主机架外,最多可再安装 3 个扩展机架,即多机架组态最多可扩展 4 个机架,安装 32 个信号模块、功能模块或通信模块。主机架和扩展机架之间需要用接口模块进行连接。

3. S7-300PLC 模块地址的确定

信号模块的地址范围与模块所在的机架和槽位号均有关系。根据机架上模块的类型,地址可以为输入或输出。数据的表示可以采用位(bit)、字节(byte)、字(word)或双字(dword)。数字量 I/O 地址通常按照"字节. 位"的方式进行编址,每个位可以表示一个数字量 I/O 点。

I 表示输入,Q 表示输出。例如,I0.3 中的 I 表示输入映像区(区域标志符),0 表示字节号,3 表示字节的位或位号;Q3.5 中的 Q 表示输出映像区(区域标志符),3 表示第 3 个字节,5 表示第 3 个字节中的第 6 位。

数字量以字节为单位,每个字节可表示 8 个 I/O 点。IB2 表示一个字节,相当于 8 位(即 I2.0~I2.7);QW2 表示一个字,相当于 2 个字节(即 QB2 和 QB3),相当于 16 位(即 Q2.0~Q2.7 和 Q3.0~Q3.7);ID2 表示一个双字,相当于 2 个字(即 IW2 和 IW4),相当于 4 个字节(即 IB2、IB3、IB4 和 IB5),相当于 32 位(即 I2.0~I2.7、I3.0~I3.7、I4.0~I4.7 和 I5.0~I5.7)。

模拟量 I/O 地址以字为单位进行编址。PI 表示外设输入,PQ 表示外设输出。例如,PIW0 中的 PI 表示外设输入(区域标志符),W 表示一个字的数据长度,0 表示字节地址。PIW0 由字节 PIB0 和 PIB1 组成。

(1)数字量信号地址。

数字量模块每个槽位占 4 个字节,即 32 个 I/O 点,每个数字量 I/O 点占用其中的一位,数字量信号模块的默认地址分配如图 2.2 所示。

机架 3	PS	IM (接收)	96.0 to 99.7	100.0 to 103.7	104.0 to 107.7	108.0 to 111.7	112.0 to 115.7	116.0 to 119.7	120.0 to 123.7	124.0 to 127.7
机架 2	PS	IM (接收)	64.0 to 67.7	68.0 to 71.7	72.0 to 75.7	76.0 to 79.7	80.0 to 83.7	84.0 to 87.7	88.0 to 91.7	92.0 to 95.7

图 2.2 数字量信号模块的默认地址分配

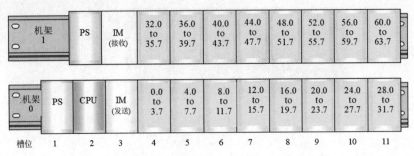

图 2.2　数字量信号模块的默认地址分配（续）

S7-300PLC 信号模块的字节地址与模块所在机架号和槽位号有关，还与位地址和信号线接在模块上的哪一个端子有关。图 2.3 所示为数字量模块的位地址分配示意图。

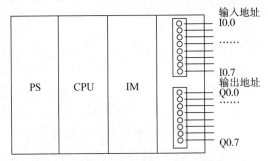

图 2.3　数字量模块的位地址分配示意图

（2）模拟量信号地址。

模拟量输入或输出以通道为单位，每个通道占一个字地址，每个字可以表示一个模拟量通道，每个槽位占 8 个字（等于 8 个模拟量通道）。模拟量信号模块的默认地址分配如图 2.4 所示。

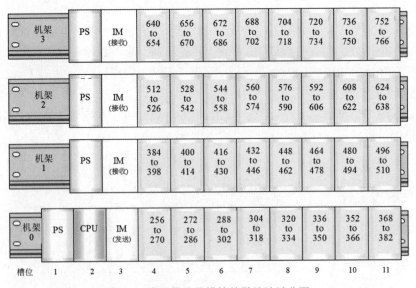

图 2.4　模拟量信号模块的默认地址分配

注：在进行硬件组态时，电源模块、CPU模块及接口模块等必须要按照一定的规则标准进行组态，并且设备订货号与实际产品必须完全一致，否则组态会失败。

正所谓"没有规矩，不成方圆"，做事要遵守一定的规则与标准，告诫我们要增强规则意识，遵纪守法，自觉遵守职业道德，树立正确的世界观、人生观和价值观。

4. I/O地址分配示例

例2-1：若在0号机架的6号槽上插入SM323模块（DI8/DO8），5号槽上插入SM334模块（AI4/AO2），请写出地址分配情况。

解析：6号槽上的数字量地址为I8.0~I8.7、Q8.0~Q8.7。

5号槽上的模拟量地址为PIW272、PIW274、PIW276、PIW278、PQW272、PQW274。

例2-2：某一控制系统选用西门子S7-300PLC的CPU316-2DP为CPU模块，系统所需数字量输入20点、数字量输出18点、模拟量输入7通道、模拟量输出3通道。请在机架上画出所选用的各模块名称、位置排列及各模块编址情况（按系统默认地址分配）。

解析：0号机架模块安装示意图如图2.5所示（由于模块选取可以不同，故答案不唯一）。

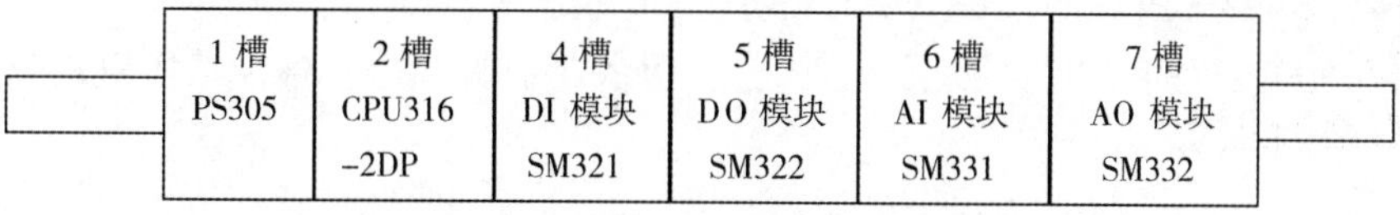

1槽 PS305	2槽 CPU316 -2DP	4槽 DI 模块 SM321	5槽 DO 模块 SM322	6槽 AI 模块 SM331	7槽 AO 模块 SM332

图2.5　0号机架模块安装示意图

各槽位模块编址如表2.1所示（答案不唯一，模块安装槽位不同，答案也不同）。

表2.1　各槽位模块编址

4 槽	5 槽	6 槽	7 槽
I0.0~I0.7	Q4.0~Q4.7	PIW288	PQW304
I1.0~I1.7	Q5.0~Q5.7	PIW290	PQW306
I2.0~I2.3	Q6.0~Q6.1	PIW292	PQW308
		PIW294	
		PIW296	
		PIW298	
		PIW300	

2.2　同步练习

1. 填空题

（1）S7-300PLC的每个机架最多只能安装＿＿＿＿个信号模块、功能模块或通信模块，最多可以使用＿＿＿＿个扩展机架。电源模块在中央机架的＿＿＿＿号槽，CPU模块只能在＿＿＿＿号槽，接口模块只能在＿＿＿＿号槽。

（2）S7-300PLC中央机架的5号槽的16点数字量输出模块的字节地址为＿＿＿＿和

_____。6号槽的32点数字量输入模块的字节地址为_____至_____。7号槽的4AI/2AO模块的模拟量输入字的地址为_____至_____，模拟量输出字的地址为_____和_____。

（3）S7-300PLC的电源模块必须安装在_____号槽。

（4）水平放置的PLC，最左端安放的是_____模块。

（5）请分别写出下列S7-300PLC模块的型号，数字量输入模块_____，数字量输出_____，模拟量输出模块_____，模拟量输入模块_____，数字量输入/输出模块_____和_____，模拟量输入/输出模块_____和_____。

（6）在PLC的所有模块中至少都有一个_____接口，DP表示_____接口，PN表示（　　）接口，点对点接口用_____表示。微存储卡简称_____。

（7）PLC的电源模块英文简写成_____，接口模块_____，信号模块_____，通信模块_____，功能模块_____。

2. 简答题

（1）构成S7-300PLC的模块主要有哪些？

（2）S7-300PLC的CPU面板上的模式选择开关都有哪几个？各个工作模式分别表示什么意义？

（3）S7-300PLC的CPU面板上的工作状态/故障显示指示灯SF、BATF、FRCE、RUN、STOP分别表示什么含义？

（4）S7-300PLC机架上的各个模块有哪些安装规则？

（5）SIMATIC S7-300 MPI有何用途？

（6）PLC按电源分类有哪几种输出模块？若按开关器件分类，有哪几种输出方式？如何选PLC输出类型？

3. 硬件设计题

某控制系统采用西门子S7-300PLC的CPU315为CPU模块，系统所需的数字量输入26点、数字量输出18点、模拟量输入6通道、模拟量输出3通道。请在机架上画出所选用的各模块名称、位置排列及各模块编址情况（按系统默认地址分配）。

2.3　答案解析

1. 填空题

（1）8，3，1，2，3；（2）QB4，QB5，IB8，IB11，IW304，IW310，QW304，QW306；
（3）1；（4）电源；（5）SM321，SM322，SM332，SM331，SM323，SM327，SM334，SM335；（6）MPI，PROFIBUS-DP，PROFINET，PTP，MMC；（7）PS，IM，SM，CP，FM。

2. 简答题

（1）构成S7-300PLC的模块主要有电源模块、CPU模块、接口模块、信号模块、通信模块、功能模块、仿真模块、占位模块等。

（2）S7-300PLC 的 CPU 面板上的模式选择开关有 RUN、STOP、MRES、RUN-P。不同工作模式表示的意义如下。

①RUN：运行模式。

在此模式下，CPU 执行用户程序，还可以通过编程设备读出、监控用户程序，但不能修改用户程序。在此位置可以拔出钥匙，以防程序正常运行时操作模式被改变。

②RUN-P：可编程运行模式。

在此模式下，CPU 不仅可以执行用户程序，在运行的同时，还可以通过编程设备读出、修改、监控用户程序。在此位置不能拔出钥匙。

③STOP：停机模式。

在此模式下，CPU 不执行用户程序，但可以通过编程设备从 CPU 中读出或修改用户程序。在此位置可以拔出钥匙。

④MRES：存储器复位模式。

（3）S7-300PLC 的 CPU 面板上的工作状态/故障显示指示灯表示的含义如下。

①SF(红色)：系统出错/故障指示灯。CPU 硬件或软件错误时，该指示灯亮。

②BATF(红色)：电池故障指示灯（CPU313 和 CPU314 配备）。当电池失效或未装入时，该指示灯亮。

③FRCE(黄色)：强制作业有效指示灯。当有 I/O 处于被强制状态时，该指示灯亮。

④RUN(绿色)：运行状态指示灯。CPU 处于"RUN"状态时该指示灯亮，处于"Startup"状态时该指示灯以 2 Hz 频率闪烁，处于"HOLD"状态时该指示灯以 0.5 Hz 频率闪烁。

⑤STOP(黄色)：停止状态指示灯。

（4）S7-300PLC 机架上各个模块的安装规则如下。

电源模块总是安装在最左边的 1 号槽位上，CPU 模块总是安装在电源右边的 2 号槽位上，接口模块安装在 CPU 右边的 3 号槽位上，对 4~11 号槽位上安装的模块不做硬性要求，用户可以根据应用要求自由分配信号模块、功能模块等。

（5）MPI 是多点接口（Multi Point Interface）的简称，是西门子公司开发的用于 PLC 之间通信的保密协议。MPI 通信是当通信速率要求不高、通信数据量不大时，可以采用的一种简单、经济的通信方式。

（6）直流驱动输出模块、交流驱动输出模块；继电器输出模块、晶体管输出模块、晶闸管输出模块；驱动直流负载的大功率晶体管和场效应晶体管、驱动交流负载的双向晶闸管或固态继电器，以及既可以驱动交流负载又可以驱动直流负载的小型继电器，可根据实际情况按照上述规则选取。

3. 硬件设计题

（1）0 号机架各模块安装示意图如图 2.6 所示（由于模块选取可以不同，故答案不唯一）。

PLC技术及应用题解与案例分析

1 槽 PS307	2 槽 CPU315	4 槽 DI SM321	5 槽 DO SM322	6 槽 AI SM331	7 槽 AO SM332

图 2.6 0 号机架各模块安装示意图

（2）各槽位模块编址如表 2.2 所示。

表 2.2 各槽位模块编址

4 槽	5 槽	6 槽	7 槽
I0. 0~I0. 7	Q4. 0~Q4. 7	PIW288	PQW304
I1. 0~I1. 7	Q5. 0~Q5. 7	PIW290	PQW306
I2. 0~I2. 7	Q6. 0~Q6. 1	PIW292	PQW308
I3. 0~I3. 1		PIW294	
		PIW296	
		PIW298	

第3章

STEP 7 应用

STEP 7 是一种用于西门子 SIMATIC PLC 组态和编程的专用标准软件包。STEP 7 标准软件包提供的工具有 SIMATIC Manager（SIMATIC 管理器）、Symbol Editor（符号编辑器）、诊断硬件、编程语言、硬件组态、NetPro（网络组态）。

3.1 知识点归纳

3.1.1 STEP 7 的项目结构

（1）第1层：项目。

项目代表了自动化解决方案中的所有数据和程序的整体，它位于对象体系的最上层。

（2）第2层：子网、站。

SIMATIC 300/400 站用于存放硬件组态和模块参数等信息，站是组态硬件的起点。

（3）第3层和其他层：与上一层的对象类型有关。

3.1.2 STEP 7 软件的编程语言

STEP 7 是 S7-300/400 系列 PLC 应用设计软件包。该软件的标准版支持语句表、梯形图及功能块图3种基本编程语言。该软件的专业版附加了对顺序功能图、结构化控制语言、图形编程语言、连续功能图等编程语言的支持。

不同的编程语言可供不同知识背景的人员采用。

语句表是一种类似于计算机汇编语言的文本编程语言，由多条语句组成一个程序段。语句表可供习惯汇编语言的用户使用，在运行时间和要求的存储空间方面最优。在设计通信、数学运算等高级应用程序时，建议使用语句表。

梯形图是一种图形语言，比较形象直观，容易掌握，用户较多，堪称"第一编程语言"。梯形图与继电器控制电路图的表达方式极为相似，适合熟悉继电器控制电路的用户使用，特别适用于数字量逻辑控制。

功能块图使用类似于布尔代数的图形逻辑符号来表示控制逻辑，一些复杂的功能用指令框表示。功能块图比较适合有数字电路基础的编程人员使用。

顺序功能图类似于解决问题的流程图，适用于顺序控制的编程。利用顺序功能图，可以清楚、快速地组织和编写 S7-300/400 系列 PLC 的顺序控制程序。它根据功能将控制任务分解为若干步，其顺序用图形方式显示出来。

图形编程语言允许用状态图描述生产过程，将自动控制下的机器或系统分成若干个功能单元，并为每个单元生成状态图，然后利用信息通信将功能单元组合在一起，形成完整的系统。

结构化控制语言是一种类似于 Pascal 的高级文本编辑语言，用于 S7-300/400 系列 PLC 和 C7 的编程，可以简化数学计算、数据管理和组织工作。结构化控制语言具有 PLC 公开的基本标准认证，符合 IEC 1131-3（结构化文本）标准。

利用连续功能图可以绘制工艺设计图，从而生成 SIMATIC S7 和 SIMATIC M7 的控制程序，该方法类似于 PLC 的 FBD 编程语言。在这种图形编程方法中，块被安放在一种绘图板上并且相互连接。利用连续功能图，用户可以快速、容易地将工艺设计图转化为完整的可执行程序。

3.1.3　S7-300PLC 的硬件组态示例

硬件组态就是使用 STEP 7 对 SIMATIC 工作站进行硬件配置和参数分配。配置的数据可以下载至 PLC。

下面在 STEP 7 中进行 PLC 硬件组态。已知某 PLC 控制系统需要 14 点数字量输入、30 点数字量输出、12 路模拟量输入、2 路模拟量输出，所选用的各模块分别为 CPU314 模块、PS307 5A 电源模块、DI16 点数字量输入信号模块、DO32 点数字量输出信号模块、AI8 模拟量输入模块、AI4/AO2 模拟量输入/输出模块，试在 STEP 7 中完成 PLC 的硬件组态。

由于该控制系统中只用了一个中央机架，所以可以不使用接口模块，依据硬件组态安装规则，1 号槽位放置电源模块 PS307 5A，2 号槽位放置 CPU314 模块，3 号槽位不需要放置接口模块，为空，4 号槽位放置 DI16 点数字量输入信号模块，5 号槽位放置 DO32 点数字量输出信号模块，6 号槽位放置 AI8 通道的模拟量输入模块，7 号槽位放置 AI4/AO2 模拟量输入/输出模块。

在 STEP 7 中完成硬件组态，如图 3.1 所示。其中的 3 号槽位虽然不需要放置接口模块，但该槽位同样也不允许放置其他模块，该槽位要保持空缺状态。

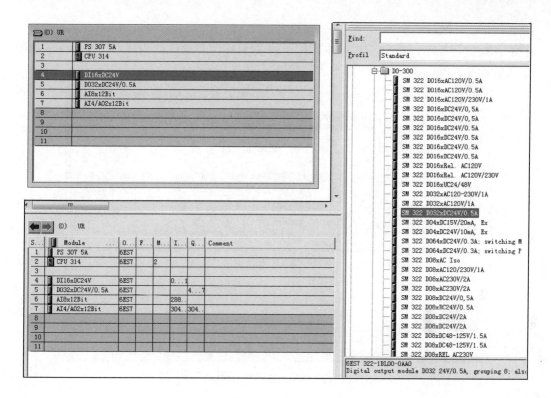

图 3.1   在 STEP 7 中完成硬件组态

3.2 同步练习

1. 简答题

(1)STEP 7 标准版有哪几种编程语言？
(2)什么是硬件组态？

2. STEP 7 练习题

(1)请用 STEP 7 完成 S7 项目的创建，并进行硬件组态练习。
(2)熟悉 STEP 7，初步了解梯形图程序的编辑方法及 PLCSIM 仿真软件的调试方法。

3.3 答案解析

1. 简答题

(1)STEP 7 标准版编程语言有语句表、梯形图和功能块图 3 种。
(2)硬件组态就是使用 STEP 7 对 SIMATIC 工作站进行硬件配置和参数分配。

2. STEP 7 练习题

请读者自行练习,熟悉 STEP 7 的使用及 PLCSIM 仿真软件的调试方法,熟练掌握硬件组态的方法。PLC 梯形图程序仿真运行结果如图 3.2 所示。

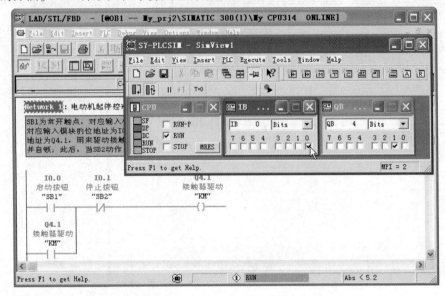

图 3.2 PLC 梯形图程序仿真运行结果

S7-300PLC 的编程语言与指令系统

S7-300/400 系列 PLC 的编程软件是 STEP 7。STEP 7 标准版的软件包支持梯形图、语句表和功能块图 3 种编程语言。3 种编程语言各有特点，可供不同背景人员选用。梯形图语言与传统继电器电路图十分类似，编程方法简单易懂，形象直观，适合熟悉继电器控制电路的用户使用，特别适合数字量逻辑控制，是应用最广泛的编程语言。

4.1 知识点归纳

4.1.1 数据类型

在 STEP 7 中，数据类型可分为以下 3 种：基本数据类型、复杂数据类型和参数类型。数据的类型决定了数据的属性。

1. 基本数据类型

基本数据类型可定义不超过 32 位的数据，可以装入累加器中，可利用 STEP 7 基本指令进行处理。基本数据类型一共有 12 种，具体如下。

（1）位（bit）：位是计算机中最基本的数据单位，是布尔型，如 I3.2、2#0、TRUE、FALSE。

（2）字节（BYTE）：8 位，如 QB0、B#16#3A。

（3）字（WORD）：16 位无符号数，一个字相当于 2 个字节，如 W#16#13AF。

（4）双字（DWORD）：32 位无符号数，一个双字相当于 2 个字，相当于 4 个字节，如 DW#16#35AF023C。

（5）整数（INT）：16 位有符号数，最高位为符号位（0 表示为正数，表示 1 为负数），如 -23。

（6）双整数（DINT）：32 位有符号数，最高位为符号位，如 #58。

（7）实数（REAL）：IEEEC 浮点数又称实数，可表示为 $1.\,m \times 2^E$，指数 E 是有符号数，STEP 7 中用小数表示浮点数。

（8）时间（TIME）：32 位，表示 IEC 时间。

（9）日期（DATE）：32 位，表示 IEC 日期。

（10）实时时间（Time_Of_Daytod）：32 位，分辨率为 1 ms。

（11）S5 系统时间（S5TIME）：32 位，S5 时间，以 10 ms 为时基，如 S5T#2H_25M_5S_8MS。

（12）字符（CHAR）：8 位，ASCII 字符，如' A', ' F'。

常数的表示方法如下。

（1）2#：表示二进制常数，如 2#0001。

（2）B#16#：表示十六进制字节，如 B#16#23。

（3）整数常数值前不加任何符号，如-1234。

（4）L#：表示 32 位双整数常数，如 L# +5。

（5）P#：表示地址指针常数，如 P#M2.0 是 M2.0 的地址指针值。

（6）S5T#：表示 16 位 S5 时间常数，格式为 S5T# aD_bH_cM_dS_eMS，取值范围为 S5T#0S~9990S。

（7）T#：表示 32 位 IEC 时间常数，只能用于语句表。

（8）C#：表示计数器常数（BCD 码），如 C#250。

（9）ASCII 字符：用单引号表示，如' ABC'。

（10）DATE：表示 IEC 日期常数，如 D#2004-1-15。

（11）TOD#：表示 32 位实时时间常数，如 TOD#23：50：45.300。

S7-300PLC 的数据类型如表 4.1 所示。

表 4.1　S7-300PLC 的数据类型

类型	位	表示形式	数据与范围	事例
布尔（BOOL）	1	布尔量	Ture/False	触点的闭合断开
字节（BYTE）	8	十六进制	B#16#0~B#16#FF	L B#16#20
字（WORD）	16	二进制	2#0~2#1111_1111_1111_1111	L 2#0000_0010_1000_0000
		十六进制	W#16#0~W#16#FFFF	L W#16#0380
		BCD	C#0~C#999	L C#896
		无符号十进制	B#(0,0)~B#(255, 255)	L B#(10,10)
双字（DWORD）	32	十六进制	DW#16#0000_0000~ DW#16#FFFF_FFFF	L DW#16#0123_ABCD
		无符号数	B# (0,0,0,0)~ B#(255,255,255,255)	L B#(1,23,45,67)
字符（CHAR）	8	ASCII 字符	可打印 ASCII 字符	' A'、'0'、', '
整数（INT）	16	有符号十进制数	-32 768~+32 767	L -23
长整数（DINT）	32	有符号十进制数	L#-214 783 648~L#214 783 647	L 23#
实数（REAL）	32	IEEE 浮点数	± 1.175 495e-38~ ± 3.402 823e+38	L 2.345 67e+2

续表

类型	位	表示形式	数据与范围	事例
时间（TIME）	32	带符号 IEC 时间， 分辨率为 1ms	T#-24D_20H_31M_23S_648MS~ T#24D_20H_31M_23S_647MS	L T#8D_7H_6M_5S_0MS
日期（DATA）	32	IEC 日期， 分辨率为 1 天	D#1990_1_1~D#2168_12_31	L D#2005_9_27
实时时间 （Time_Of_ Daytod）	32	实时时间， 分辨率为 1ms	TOD#0：0：0.0~ TOD#23：59：59.999	L TOD#8：30：45.12
S5 系统时间 （S5TIME）	32	S5 时间， 以 10 ms 为时基	S5T#0H_0M_10MS~ S5T#2H_46M_30S_0MS	L S5T#1H_1M_2S_10MS

2. 复杂数据类型

复杂数据类型可定义超过 32 位或由其他数据类型组成的数据。复杂数据类型需要进行预定义，其变量只能在全局数据块中声明，可以作为参数或逻辑块的局部变量。

STEP 7 的指令一次处理的数据不能超过 32 位，一次可以处理一个元素。

STEP 7 支持以下 6 种复杂数据类型。

（1）数组（ARRAY）。

（2）结构（STRUCT）。

（3）字符串（STRING）。

（4）日期和时间（DATE_AND_TIME）。

（5）用户定义的数据类型（UDT）。

（6）功能块类型（FB、SFB）。

3. 参数类型

参数类型是一种用于逻辑块（FB、FC）之间传递参数的数据类型，主要有以下几种。

（1）TIMER（定时器）和 COUNTER（计数器）。

（2）BLOCK（块）：指定一个块用作输入和输出，实参应为同类型的块。

（3）POINTER（指针）：6 字节指针类型，用来传递 DB 的块号和数据地址。

（4）ANY：10 字节指针类型，用来传递 DB 块号、数据地址、数据数量以及数据类型。

4.1.2 指令基础

用户程序是由若干条指令构成的，指令是程序的最小独立单位。指令通常由操作数和操作码组成，操作码表示指令所要完成的某种操作，而操作数表示该指令操作的对象。

1. PLC 用户存储区的分类及功能

PLC 的用户存储区在使用的时候必须按照功能来区分使用，S7-300PLC 存储器区域的划分及功能如表4.2 所示。

2. 指令操作数

S7-300PLC 的指令操作数（又称编程元件）一般在用户存储区中。

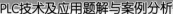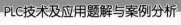

表 4.2　S7–300PLC 存储器区域的划分及功能

存储区域	功能	运算单位	标识符
输入过程映像寄存器(I)	扫描开始，操作系统从现场读取按钮、开关等送来的输入信号，将该信号存入输入过程映像寄存器，每一位对应数字量输入模块的一个输入端子	输入位	I
		输入字节	IB
		输入字	IW
		输入双字	ID
输出过程映像寄存器(Q)	扫描过程中，逻辑运算结果存入输出过程映像寄存器。在扫描结束前，操作系统从输出过程映像寄存器中读出最终结果，并将结果传输到数字量输出模块，直至控制 PLC 外部的指示灯、执行器等控制对象	输出位	Q
		输出字节	QB
		输出字	QW
		输出双字	QD
位存储区(M)	位存储区与 PLC 外部对象没有关系，类似于中间继电器，主要用来存储程序运算过程中的临时结果，可以为编程提供无限量的触点，可以被驱动，但不能直接驱动任何负载	存储位	M
		存储字节	MB
		存储字	MW
		存储双字	MD
外部输入寄存器(PI)	用户可以通过外部输入寄存器直接访问模拟量输入模块，以便接收来自现场的模拟量输入信号	外部输入字节	PIB
		外部输入字	PIW
		外部输入双字	PID
外部输出寄存器(PQ)	用户可以通过外部输出寄存器直接访问模拟量输出模块，以便将模拟量输出信号传输给现场的执行装置	外部输出字节	PQB
		外部输出字	PQW
		外部输出双字	PQD
定时器(T)	作为定时器指令使用，访问该存储区可获得定时器的剩余时间	定时器	T
计数器(C)	作为计数器指令使用，访问该存储区可获得计数器的当前值	计数器	C
数据块寄存器(DB)	数据块寄存器用来存储所有数据块的数据，最多可同时打开一个共享数据块 DB 和一个背景数据块 DB	数据位	DBX、DIL
		数据字节	DBB、DIB
		数据字	DBW、DIW
		数据双字	DBD、DID
本地数据寄存器(L)	本地数据寄存器用来存储逻辑块(OB、FB 或 FC)中所使用的临时数据，一般用作中间暂存器。当逻辑块执行结束时，数据将丢失	临时数据位	L
		临时数据字节	LB
		临时数据字	LW
		临时数据双字	LD

操作数由操作标识符和参数组成。操作标识符由主标识符和辅助标识符组成。主标识符用来指定操作数所使用的存储区类型，辅助标识符则用来指定操作数的单位(位、字节、字、双字等)。主标识符有 I(输入过程映像寄存器)、Q(输出过程映像寄存器)、M(位存储器)、PI(外部输入寄存器)、PQ(外部输出寄存器)、T(定时器)、C(计数器)、DB(数据块寄存器)和 L(本地数据寄存器)；辅助标识符有 X(位)、B(字节)、W(字)、D(双字)。

例如，A MB5 中的 A 为操作码；MB5 为操作数，其中 M 为主标识符，表示位存储器，B 为辅助标识符，表示字节，5 为参数。

3. 寻址方式

所谓寻址方式，是指令执行时获取操作数的方式，可以用直接或间接的方式给出操作数。

S7-300PLC 共有以下 4 种寻址方式。

(1)立即寻址。

立即寻址是对常数或常量的寻址方式，主要特点是操作数会直接表示在指令中。

例如，L 55 是把常数 55 装载到累加器 ACC1 中；而 L L#1000 是将 32 位十进制整数 1 000 装载到累加器 ACC1 中。

(2)存储器直接寻址。

存储器直接寻址简称直接寻址。该寻址方式在指令中直接给出操作数的存储单元地址，如 I0.0、Q4.1 等。

例如，A I0.6 是对输入位 I0.6 的常开触点执行逻辑与运算；而= Q5.3 是把逻辑运算结果送给输出映像寄存器 Q5.3。

(3)存储器间接寻址。

存储器间接寻址简称间接寻址。该寻址方式在指令中以存储器的形式给出操作数所在存储器单元的地址，也就是说该存储器的内容是操作数所在存储器单元的地址。该存储器一般被称为地址指针，在指令中需写在方括号[]内，如 L DBW [MW60]。

(4)寄存器间接寻址。

寄存器间接寻址简称寄存器寻址。该寻址方式在指令中通过地址寄存器和偏移量间接获取操作数，其中的地址寄存器及偏移量必须写在方括号[]内。用地址寄存器的内容加上偏移量形成地址指针，并指向操作数所在的存储器单元，如 A [AR1,P#1.5]。

≫ 4.1.3 位逻辑指令

位逻辑指令处理的对象为二进制位信号。位逻辑指令扫描信号状态 1 和 0 位，所产生的结果(1 或 0)被称为逻辑运算结果(Result of Logic Operation，RLO)，存储在状态字"RLO"中。

1. 触点与线圈

(1)常开触点。

在 PLC 中规定：当位信号是 1 时，常开触点闭合；当位信号是 0 时，常开触点断开。

(2)常闭触点。

在 PLC 中规定：当位信号是 0 时，则常闭触点闭合；当位信号是 1 时，则常闭触点断开。

(3)输出线圈。

输出线圈与继电器控制电路中的线圈一样，若有电流(信号流)流过线圈(RLO 为 1)，则线圈被赋值为 1；若没有电流流过线圈(RLO 为 0)，则线圈被赋值为 0。

注：输出线圈只能出现在梯形图逻辑串的最右边。

(4)中间输出。

在编写梯形图程序时，若一个逻辑串很长不便于编辑时，可以将逻辑串分成几个段，前一段的逻辑运算结果可作为中间输出，存储在位存储器(M)中，该存储位可以当作一个触点出现在其他逻辑串中。

注：中间输出只能放在梯形图逻辑串的中间，而不能出现在最左端或最右端。

2. 逻辑与和与非指令

语句表指令中，A 表示逻辑与，AN 表示逻辑与非。

梯形图中，逻辑与 A 表示常开触点串联，逻辑与非 AN 表示常闭触点串联。

3. 逻辑或和或非指令

语句表指令中，O 表示逻辑或，ON 表示逻辑或非。

梯形图中，逻辑或 O 表示常开触点并联，逻辑或非 ON 表示常闭触点并联。

例 4-1：编程实现电机正反转的 PLC 控制(正转—停机—反转)。要求按下正转启动按钮 SB1，电机正转；按下反转启动按钮 SB2，电机反转；按下停止按钮 SB3，电机停止运转。

解析：本例要求实现的功能是正转后停机再反转，不需要由正转直接切换到反转的功能，在设计梯形图时要增加互锁功能，防止三相电源发生短路故障。

I/O 地址分配如表 4.3 所示。

表 4.3 I/O 地址分配

输入		输出	
正转启动按钮 SB1	I0.1	正转 KM1	Q0.0
反转启动按钮 SB2	I0.2	反转 KM2	Q0.1
停机按钮 SB3	I0.0	—	—

电机正反转的 PLC 控制梯形图程序示例如图 4.1 所示。

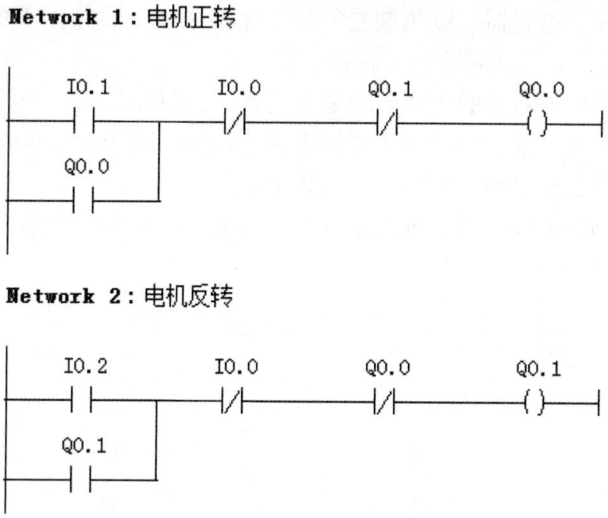

Network 1：电机正转

Network 2：电机反转

图 4.1　电机正反转的 PLC 控制梯形图程序示例

例 4-2：编程实现电机正反转的 PLC 控制（正转—反转）。要求按下正转启动按钮 SB1，电机正转；按下反转启动按钮 SB2，电机反转；按下停止按钮 SB3，电机停止运转。

解析：本例要求实现的功能是正转和反转可以不经过停机的过程直接进行自由切换，在设计梯形图时，除了设置线圈互锁功能外，还要增加正转和反转按钮的互锁功能，以满足电机正反转自由切换的要求。

I/O 地址分配情况和表 4.3 相同，电机正反转的 PLC 控制梯形图程序示例如图 4.2 所示。

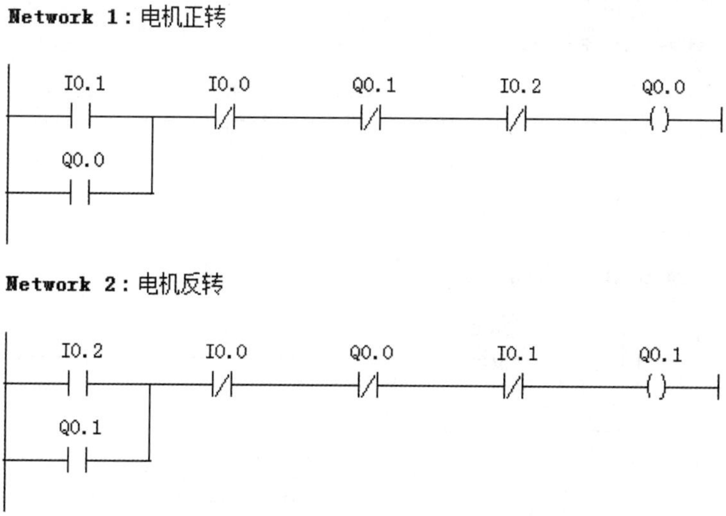

Network 1：电机正转

Network 2：电机反转

图 4.2　电机正反转的 PLC 控制梯形图程序示例

例 4-3：已知有 3 个抢答席和一个主持人席，每个抢答席上各有一个抢答按钮和一盏抢答指示灯。在允许参赛者抢答后，第一个按下抢答按钮的抢答席上的指示灯会亮；此后另外两个抢答席上即使再按各自的抢答按钮，其指示灯也不会亮。这样主持人就可以轻易地知道是谁第一个按下抢答器。该题被抢答后，主持人按下主持席上的复位按钮（常闭按钮），则指示灯熄灭，又可以进行下一题的抢答。

解析：本例的设计要考虑的主要问题是在抢答时，只能是第一个按下抢答按钮的参赛者的指示灯才会亮，而其他参赛者即使再按下抢答按钮，其指示灯也不会亮，因此梯形图程序中要设置指示灯互锁电路以满足其控制要求。

依题意，首先确定 I/O 点数，列出 I/O 地址分配表，再编写梯形图程序。

(1) I/O 地址分配如表 4.4 所示。

表 4.4　I/O 地址分配

输入		输出	
1 号抢答按钮	I0.1	1 号指示灯	Q0.1
2 号抢答按钮	I0.2	2 号指示灯	Q0.2
3 号抢答按钮	I0.3	3 号指示灯	Q0.3
主持人复位按钮	I0.0	—	—

(2) 梯形图程序。

PLC 控制抢答器梯形图程序示例如图 4.3 所示。

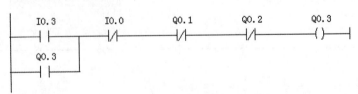

图 4.3　PLC 控制抢答器梯形图程序示例

4. 逻辑异或和异或非指令

语句表指令中，X 表示逻辑异或，口诀为"相同出 0，相异出 1"。XN 表示逻辑异或非，口诀为"相同出 1，相异出 0"。

5. 逻辑块的操作

触点的串联(A)并联(O)指令只能将单个触点进行串、并联,对于多个触点串并联,应使用逻辑块指令,包括先与后或指令和先或后与指令两种。

6. 取反指令

取反指令的作用是对逻辑串的 RLO 值进行取反。

7. 置位(S)和复位(R)指令

置位(S)和复位(R)指令是根据 RLO 的数值来决定操作数的信号状态是否发生改变的。

置位(S)指令将指定的地址位置 1 并且保持。

复位(R)指令将指定的地址位置 0 并且保持。

例4-4: 现有两台电机 M1、M2,当按下启动按钮时,电机 M1 启动后才能启动电机 M2。当按下停止按钮时,电机 M1、M2 同时停止。请用置位复位指令实现其控制功能。

解析:控制系统要求两台电机启停过程需要有一定的先后顺序,因此在编写程序时要考虑这一点,可以用一台电机相应线圈的常开触点作为另一台电机的启动条件之一。

依题意,I/O 地址分配情况为:启动按钮 I2.0;停止按钮 I2.1;M1 电机 Q2.0;M2 电机 Q2.1。

PLC 控制置位复位梯形图程序示例如图 4.4 所示。

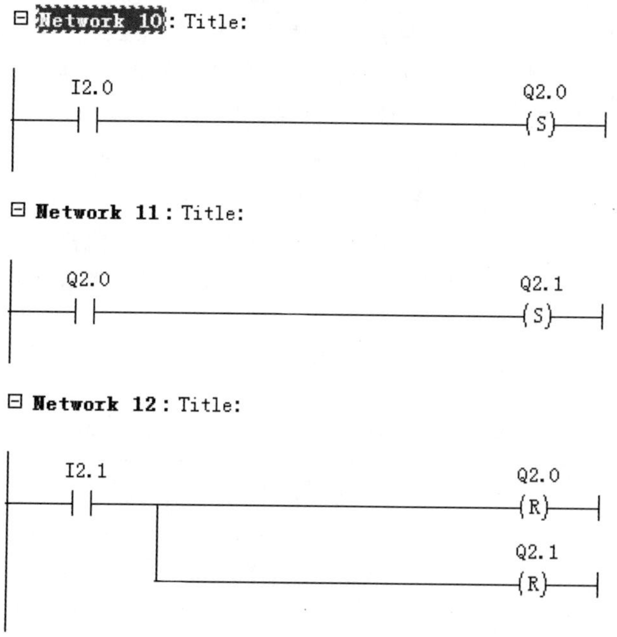

图 4.4 PLC 控制置位复位梯形图程序示例

8. RS 和 SR 指令

若置位输入(S 端)为 1,则触发器置位;若复位输入(R 端)为 1,则触发器复位。

RS 触发器为置位优先型,当 R 和 S 输入端同时为 1 时,触发器最终为置位状态。

SR 触发器为复位优先型，当 R 和 S 输入端同时为 1 时，触发器最终为复位状态。

例 4-5：利用 RS 和 SR 触发器指令实现电机正反转控制。

解析：I/O 地址分配情况为 I0.0 电机正转启动按钮，I0.1 电机反转启动按钮，Q0.0 电机正转，Q0.1 电机反转；因为在出现故障的时候必须要紧急停车，所以程序中选择 SR 复位优先触发器指令，PLC 控制触发器梯形图程序示例如图 4.5 所示。

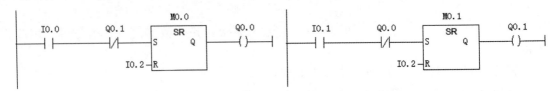

图 4.5　PLC 控制触发器梯形图程序示例

9. 跳边沿检测指令

在 STEP 7 中一共有两大类跳边沿检测指令：一类是对 RLO 的跳边沿检测指令；另一类是对触点的跳边沿直接检测的梯形图方块指令。

(1)RLO 跳边沿检测指令包括 RLO 上升沿检测指令和 RLO 下降沿检测指令两种，检测的分别是 P 和 N 跳变沿指令左边的逻辑操作结果。位存储器 M 用于保存上一扫描周期 RLO 的状态。当条件满足时，输出端输出一个扫描周期的 1 信号。

(2)触点信号边沿检测指令包括触点信号上升沿检测和触点信号下降沿检测两种。

触点信号上升沿检测指令 POS 与触点信号下降沿检测指令 NEG 检测的是位地址 1 的触点信号。位地址 2 是边沿存储位，用于保存触点信号上一周期的状态。Q 是输出，当启动条件满足且地址位 1 出现有效的边沿信号时，Q 端输出一个扫描周期的 1 信号。

RLO 跳边沿检测指令和触点信号边沿检测指令的区别是，RLO 跳边沿检测指令检测的是 RLO 运算的结果，而触点信号边沿检测指令检测的是单个触点信号。

例 4-6：根据已知梯形图(见图 4.6)及 I0.0 的输入信号，画出 Q0.0、Q0.1 和 Q0.2 的输出时序图。

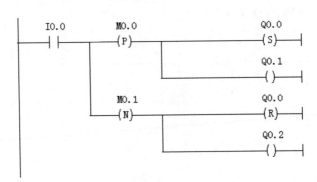

图 4.6　跳边沿检测梯形图程序示例

解析：上图中的检测指令是对 RLO 的跳边沿检测指令，各输出位的时序图如图 4.7

所示。

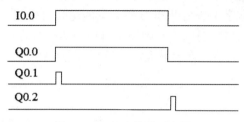

图 4.7 各输出位的时序图

4.1.4 定时器指令

定时器相当于传统继电器控制电路中的时间继电器，但定时器是编程软元件，它在 S7-300PLC 的 CPU 存储器的存储区中。该存储区为每个定时器保留了一个 16 位定时器字和一个二进制位的存储空间。STEP 7 中的定时器一共有 5 种，最多可支持 256 个定时器。不同的 CPU 模块所支持的定时器数量也不相同，大致为 64~256 个。在使用定时器指令时，应注意定时器的地址编号范围必须为 T0~T511。

定时器和计数器指令分别有两种表示形式：一种是方块图形式，另一种是线圈形式。图 4.8 所示为 STEP 7 中的定时器和计数器指令的两种表示形式。

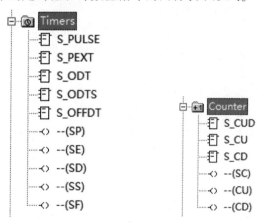

图 4.8 定时器和计数器指令的两种表示形式

1. 定时器字的表示方法

每个定时器都有一个 16 位的定时器字和一个二进制的状态位。16 位的定时器字用来存放定时器的定时时间值，二进制位用来表示定时器触点的位状态。

定时器字由时基和时间值组成。时间基准代码为 00、01、10 和 11 时，分别对应的时基为 10 ms、100 ms、1 s 和 10 s。实际定时时间的计算公式为：实际定时时间=时基×时间值。

定时时间值有以下两种表达方式。

(1)十六进制数表示。例如，W#16#2127。时间值范围为 0~999，该方式只适用于语句表。

(2)S5 时间格式。表示格式为 S5T#aH-bM-cS-dMS，如 S5T#18S、S5T#1800S。在梯形图中，必须使用 S5T#aH-bM-cS-dMS 格式的定时时间值。

图 4.9 所示的定时时间用十六进制数表示为 W#16#2127，其中第一个数字 2 是二进制数 10，表示时基为 1s，数字 127 是以 BCD 码表示的定时时间值（范围是 0~999）。根据计算公式：实际定时时间=时基×时间值，则该定时器的实际定时时间为 1s×127=127s。

注：S7-300PLC 的定时器允许的最大定时时间值是 9 990 s(2H-46M-30S)。

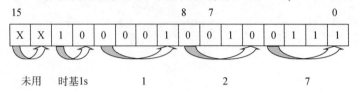

图 4.9　定时器字的表示方式

2. S_PULSE(脉冲 S5 定时器，简称脉冲定时器)

(1)脉冲定时器的梯形图指令。

当脉冲定时器 S 端的输入信号为 1 时，定时器 T 启动，并从设定时间开始进行倒计时。只需保证 S 端的输入信号保持为 1，定时器就能够继续运行。只要定时剩余时间没有计到 0，则定时器 T 的常开触点闭合，Q 端输出为 1；若定时剩余时间计到 0，则定时器 T 的常开触点断开，Q 端输出为 0。

在脉冲定时器工作的过程中，若 S 端的输入信号变为 0，则定时器立即停止工作，定时器 T 的常开触点断开，Q 端输出为 0。

无论什么时候，只要 R 端输入为 1，则定时器立即停止工作，定时器的常开触点断开，Q 端输出为 0，同时将剩余时间清零，即定时器复位。

(2)脉冲定时器的应用。

脉冲定时器可以产生指定时间宽度的脉冲。工程上经常需要产生周期性重复信号，因此，可以利用脉冲定时器构成一个脉冲发生器，产生具有一定占空比的脉冲信号。

例 4-7：编程实现当按下启动按钮 SB1(I0.1)时，输出端 Q0.2 产生图 4.10 所示的周期性重复的脉冲信号；当按下停止按钮 SB2(I0.2)时，输出端信号消失。

解析：可以用脉冲定时器产生周期性重复的脉冲信号，PLC 控制脉冲定时器产生脉冲信号梯形图程序示例如图 4.11 所示。

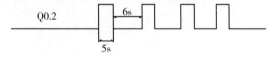

图 4.10　输出脉冲信号时序图

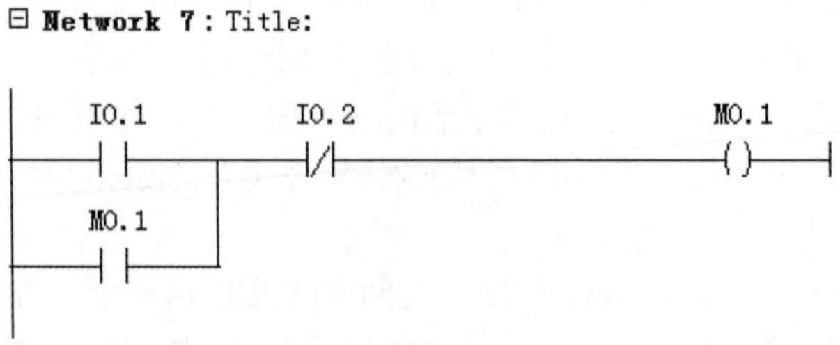

☐ **Network 7** : Title:

```
      I0.1        I0.2              M0.1
      ┤├─────────┤/├───────────────( )

      M0.1
      ┤├
```

图 4.11　PLC 控制脉冲定时器产生脉冲信号梯形图程序示例

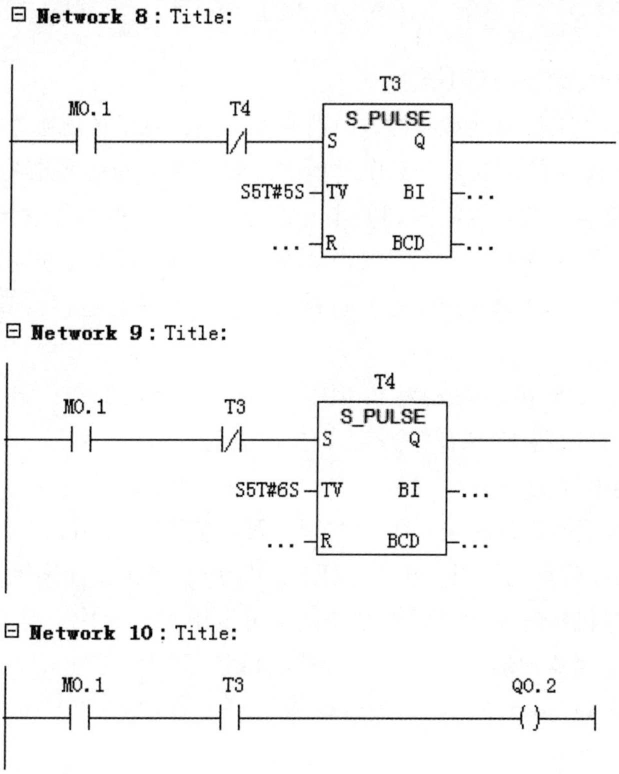

Network 8: Title:

Network 9: Title:

Network 10: Title:

图 4.11 PLC 控制脉冲定时器产生脉冲信号梯形图程序示例(续)

例 4-8：编程实现闪烁电路。

解析过程略，PLC 控制闪烁电路梯形图程序示例如图 4.12 所示。

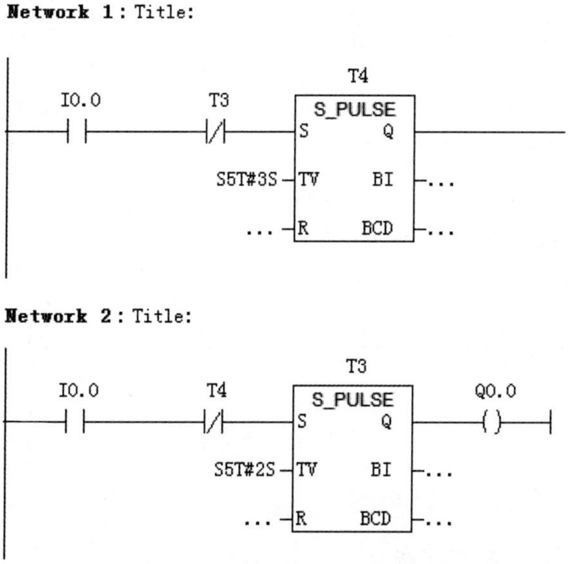

Network 1: Title:

Network 2: Title:

图 4.12 PLC 控制闪烁电路梯形图程序示例

3. S_PEXT(扩展脉冲 S5 定时器,简称扩展脉冲定时器)

(1)扩展脉冲定时器的梯形图指令。

扩展脉冲定时器的工作原理和脉冲定时器有所不同,对于扩展脉冲定时器,只要 S 端的输入为 1,定时器就一直在工作。工作过程中,即使 S 端的输入信号变为 0,定时器也会继续工作,即 S 端输入的有效时间即使小于设定时间,Q 端也能输出指定时间的脉冲。在定时器工作期间,若 S 端的输入信号又由 0 变为 1,则定时器 T 被重新启动,从设定值开始重新进行倒计时。扩展脉冲定时器一旦被启动,就会一直运行,其常开触点闭合,Q端输出为 1。

无论什么时候,只要 R 端输入为 1,则定时器立即停止工作,定时器的常开触点断开,Q 端输出为 0,同时将剩余时间清零,即定时器复位。

(2)扩展脉冲定时器的应用。

例 4-9:编程实现电机延时自动关闭控制,要求按下按钮 S1(I2.0),电机 M(Q2.0)立即启动,延时 5min 后自动关闭,按下按钮 S2(I2.1),电机立即停机。

解析:要实现电机延时自动关闭控制功能,可采用扩展脉冲定时器编写梯形图程序,PLC 控制扩展脉冲定时器梯形图程序示例如图 4.13 所示。

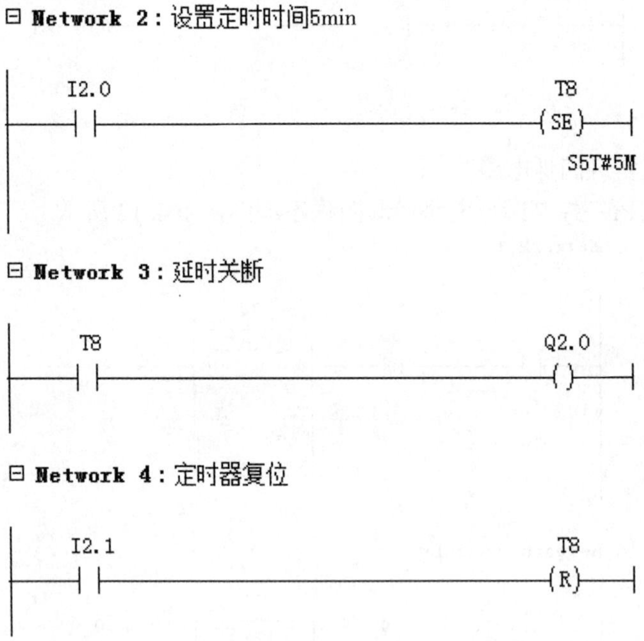

⊟ **Network 2**:设置定时时间5min

```
    I2.0                                          T8
────┤ ├──────────────────────────────────────(SE)──┤
                                               S5T#5M
```

⊟ **Network 3**:延时关断

```
    T8                                            Q2.0
────┤ ├──────────────────────────────────────( )──┤
```

⊟ **Network 4**:定时器复位

```
    I2.1                                          T8
────┤ ├──────────────────────────────────────(R)──┤
```

图 4.13　PLC 控制扩展脉冲定时器梯形图程序示例

4. S_ODT(接通延时 S5 定时器,简称接通延时定时器)

(1)接通延时定时器的梯形图指令。

当 S 端输入信号为 1 时,定时器开始工作,从设定的时间开始进行倒计时,当定时间计到 0,并且 S 端输入信号仍为 1 时,则定时器的常开触点闭合,Q 端输出为 1。若在定时时间结束前 S 端输入信号变为 0，则定时器停止工作并被复位，其常开触点断开，Q 端输出为 0。

无论什么时候，只要 R 端输入为 1，则定时器立即停止工作，定时器的常开触点断开，Q 端输出为 0，同时将剩余时间清零，即定时器复位。

（2）接通延时定时器的应用。

例 4-10：编程实现闪烁电路，要求当按下按钮 S1(I0.0)时，输出指示灯(Q4.0)按熄灭 2 s、亮 1 s 规律交替进行。闪烁电路的 I/O 时序图如图 4.14 所示。

解析：利用接通延时定时器实现闪烁电路控制要求，PLC 控制闪烁电路梯形图程序示例如图 4.15 和图 4.16 所示，本例用图 4.15 和图 4.16 两种梯形图的编写方法均可。

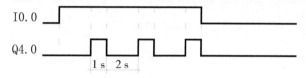

图 4.14　闪烁电路的 I/O 时序图

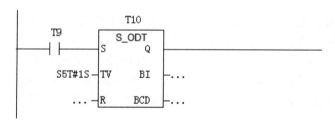

图 4.15　PLC 控制闪烁电路梯形图程序示例 1

例 4-11：用接通延时定时器构成一个脉冲发生器，要求输出高电平为 1 s、低电平为 2 s 的连续脉冲信号。

解析：按下按钮(I4.0)产生一个高电平为 1 s、低电平为 2 s 的连续脉冲信号，直到按下按钮(I4.1)停止。

依题意，可采用 2 个接通延时定时器构成自复位，从而构成一个脉冲发生器电路，产生连续的脉冲信号，如图 4.16 所示。

Network 4：Title：

```
      I4.0        I4.1                      M0.0
    ┤ ├─┬──────┤/├────────────────────( )
            │
     M0.0   │
    ┤ ├─────┘
```

Network 5：Title：

```
                                  T2
      M0.0       T1            ┌─S_ODT─┐
    ┤ ├────────┤/├────────────┤S    Q ├──────────
                              │       │
               S5T#2S─────────┤TV   BI├─...
                              │       │
                      ...─────┤R   BCD├─...
                              └───────┘
```

Network 6：Title：

```
                                  T1
      T2                      ┌─S_ODT─┐
    ┤ ├─┬────────────────────┤S    Q ├──────────
        │                    │       │
        │     S5T#1S─────────┤TV   BI├─...
        │                    │       │
        │            ...─────┤R   BCD├─...
        │                    └───────┘
        │                                  Q4.0
        └──────────────────────────────────( )
```

图 4.16　PLC 控制闪烁电路梯形图程序示例 2

例 4-12：编程实现电机延时启停控制，要求当按下按钮 S1(I0.0)时，电机(Q0.0)延迟 10 s 后启动，松开按钮 S1 电机延迟 5 s 停止。

解析：题目要求用按钮 S1 的按下和松开控制电机的启动和停止，因此不用设置单独的停止按钮，I/O 地址输入和输出点各有一点，即输入为 S1 按钮 I0.0，输出为电机 Q0.0。

利用接通延时定时器实现电机延时启停控制，PLC 控制接通延时定时器梯形图程序示例如图 4.17 所示。

Network 1：电机延时启停控制

```
                              T0
      I0.0                 ┌─S_ODT─┐
    ┤ ├────────────────────┤S    Q ├──────────
                          │       │
           S5T#10S────────┤TV   BI├─...
                          │       │
                  ...─────┤R   BCD├─...
                          └───────┘
```

图 4.17　PLC 控制接通延时定时器梯形图程序示例

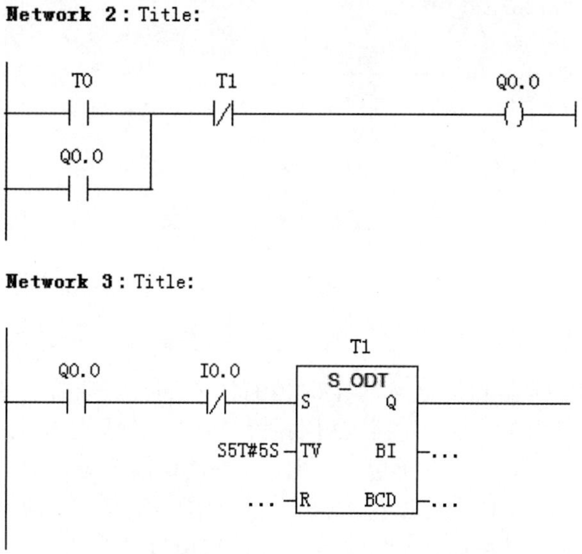

Network 2: Title:
T0
T1
Q0.0
Q0.0
Network 3: Title:
T1
Q0.0
I0.0
S_ODT
S
Q
S5T#5S
TV
BI
...
...
R
BCD
...

图 4.17　PLC 控制接通延时定时器梯形图程序示例(续)

例 4-13：根据图 4.18 所示的 I/O 时序图，编写梯形图程序。

I0.1
I0.0
Q0.0
Q0.1
5 s

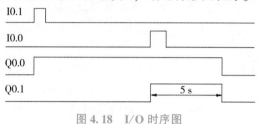

图 4.18　I/O 时序图

解析：本例采用接通延时定时器实现控制功能，PLC 控制延时梯形图程序示例如图 4.19 所示。

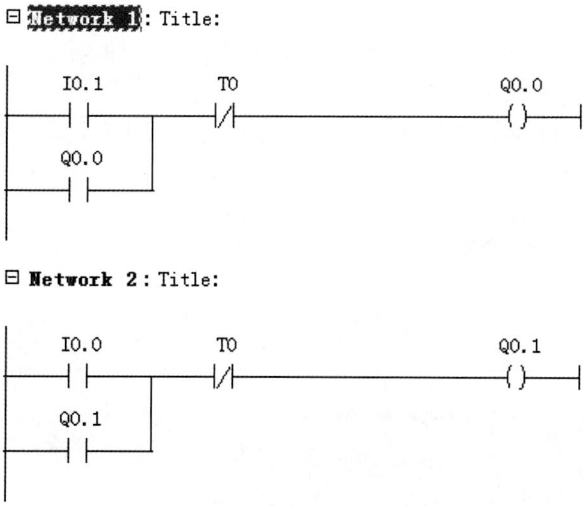

Network 1: Title:
I0.1
T0
Q0.0
Q0.0
Network 2: Title:
I0.0
T0
Q0.1
Q0.1

图 4.19　PLC 控制延时梯形图程序示例

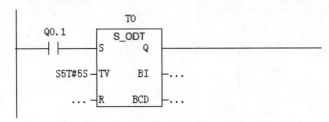

图 4.19　PLC 控制延时梯形图程序示例(续)

5. S_ODTS(保持型接通延时 S5 定时器，简称保持型接通延时定时器)

保持型接通延时定时器和接通延时定时器有所不同，对于保持型接通延时定时器而言，一旦 S 端输入信号为 1，即定时器被启动后，即使 S 端变为 0 也不会影响定时器继续工作，即只要 S 端输入有效，定时器就进行计时(即使期间 S 端断开)，当剩余时间计到 0 后，定时器常开触点闭合，Q 端输出为 1，只有 R 端输入有效时，才能使定时器复位。

注：如果在定时时间结束前，S 端输入信号再次由 0 变为 1，那么定时器将重新被启动，即按照设定的时间重新开始倒计时。

无论什么时候，只要 R 端输入为 1，则定时器立即停止工作，定时器的常开触点断开，Q 端输出为 0，同时将剩余时间清零，即定时器复位。

6. S_OFFDT(断电延时 S5 定时器，简称断电延时定时器)

(1)断电延时定时器的梯形图指令。

断电延时定时器是 5 种定时器中唯一的一个由下降沿启动的定时器指令。

当 S 端输入信号为 1 时，定时器的常开触点闭合，Q 端输出为 1；当 S 端输入信号由 1 变为 0(即出现下降沿)时，定时器被启动，开始进行倒计时，当计时剩余时间计到 0 时，定时器的常开触点断开，Q 端输出为 0。

无论什么时候，只要 R 端输入为 1，则定时器立即停止工作，定时器的常开触点断开，Q 端输出为 0，同时将剩余时间清零，即定时器复位。

(2)断电延时定时器的应用。

例 4-14：编程实现电机延时启停控制，要求当按下按钮 S1 时，电机延迟 10 s 后启动；松开按钮 S1，电机延迟 5 s 停机。

解析：本例可以用接通延时定时器实现，见图 4.16 程序示例；也可以采用断电延时定时器实现，PLC 控制断电延时定时器实现电机启停梯形图程序示例如图 4.20 所示。I/O 地址分配情况如下：S1 按钮为 I10.0，电机为 Q10.0。

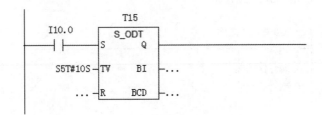

图 4.20　PLC 控制断电延时定时器实现电机启停梯形图程序示例

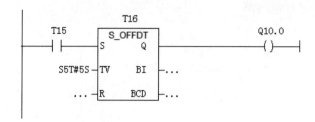

图 4.20 PLC 控制断电延时定时器实现电机启停梯形图程序示例(续)

S7-300 系列 PLC 的 5 种定时器的 I/O 时序图如图 4.21 所示。

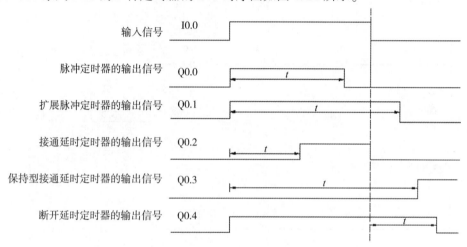

图 4.21 S7-300 系列 PLC 的 5 种定时器的 I/O 时序图

7. 定时器指令的应用实例

例 4-15:编程实现指示灯控制,要求按下启动按钮 SB1 时,指示灯 L1、L2、L3、L4 依次被点亮,每盏灯亮 5 s,并循环执行,直到按下停止按钮 SB2 为止。

解析:题目要求 4 盏指示灯依次点亮并循环执行,可以采用不同类型的定时器来实现控制功能。下面给出两种不同的编程示例,分别采用脉冲定时器和接通延时定时器编写梯形图程序。

(1)采用脉冲定时器实现控制功能。

I/O 地址分配如表 4.5 所示。

表 4.5 I/O 地址分配

输入		输出	
启动按钮 SB1	I3.0	L1 指示灯	Q3.1
停止按钮 SB2	I3.1	L2 指示灯	Q3.2
—	—	L3 指示灯	Q3.3
—	—	L4 指示灯	Q3.4

PLC 控制脉冲定时器实现 4 盏灯依次点亮梯形图程序示例如图 4.22 所示。

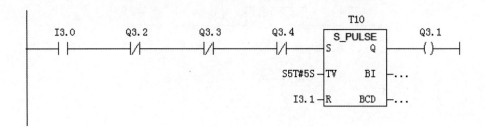

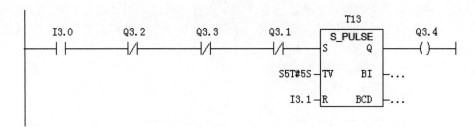

图 4.22　PLC 控制脉冲定时器实现 4 盏灯依次点亮梯形图程序示例

（2）采用接通延时定时器实现控制功能。

I/O 地址分配如表 4.6 所示。

表 4.6　I/O 地址分配

输入		输出	
启动按钮 SB1	I0.0	L1 指示灯	Q0.1
—	—	L2 指示灯	Q0.2
—	—	L3 指示灯	Q0.3
—	—	L4 指示灯	Q0.4

PLC 控制接通延时定时器实现 4 盏灯依次点亮梯形图程序示例如图 4.23 所示。

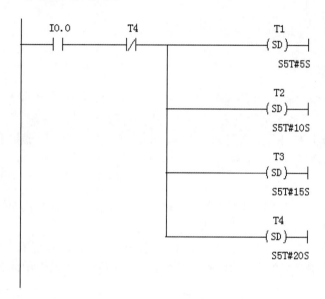

图 4.23　PLC 控制接通延时定时器实现 4 盏灯依次点亮梯形图程序示例

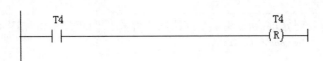

Network 5 : Title:
T3
T4
Q0.3
Network 6 : Title:
T4
T4
R

图 4.23　PLC 控制接通延时定时器实现 4 盏灯依次点亮梯形图程序示例(续)

4.1.5　计数器指令

计数器类似于定时器，也是编程软元件，在 S7-300PLC CPU 的存储器的存储区中。计数器是 16 位的，用来存储计数值。STEP 7 中的计数器一共有 3 种，不同的 CPU 模块所支持的计数器数量也不相同，范围大致为 64~512 个。在使用计数器指令时，应注意计数器的地址编号范围必须为 C0~C511。

1. 计数器字的表示方法

每个计数器都有一个 16 位的计数器字和一个二进制的状态位。16 位的计数器字用来存放计数值，二进制位表示计数器触点的位状态。

计数器字有两种表示方式：二进制和十进制(BCD 码)，计数范围为 0~999。

计数器字的表示方式如图 4.24 所示，图中 127 是用 BCD 码表示的计数值，其范围是 0~999。

15
8
7
0
X X 1 0 0 0 0 1 0 0 1 0 0 1 1 1
未用
1
2
7

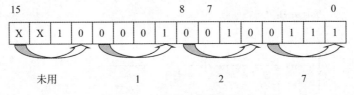

图 4.24　计数器字的表示方式

2. S_CU(加计数器)

(1)加计数器的梯形图指令。

当加计数器输入端 CU 每出现一个上升沿时，则计数器自动加 1 计数(计数值小于 999)。当计数器的当前值大于 0 时，计数器输出端 Q 为 1；当计数器的当前值为 0 时，计数器输出端 Q 为 0。当计数器的当前值计到 999 时，计数值保持为 999 不变。

无论什么时候，只要 R 端输入为 1，则加计数器立即停止工作，计数器当前值变为 0，Q 端输出为 0，即加计数器复位。

PV 为计数初值输入端，初值范围是 0~999。计数初值有两种表示方法：一种是通过字存储器提供初值，如 MW4、IW8 等；另一种是直接输入 BCD 码数值，如 C#8、C#66 等。

CV 为以整数形式显示的计数器当前值，如 16#0058、16#00AF 等。CV 端可以接字存储器，如 MW6、MW0 等。

CV_BCD 为以 BCD 码形式显示的计数器当前值，如 C#168、C#213 等。

S 为预置信号输入端，当 S 端输入为 1 时，将计数初值作为当前值。

加计数器工作时序如图 4.25 所示。

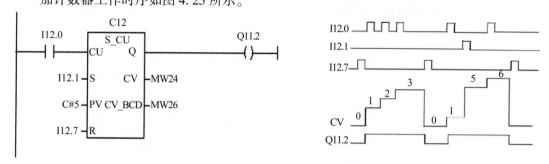

图 4.25　加计数器工作时序

(2) 加计数器指令的应用。

例 4-16：用计数器扩展定时器的定时范围，根据图 4.26 所示 I/O 时序图编写梯形图程序。

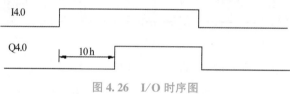

图 4.26　I/O 时序图

解析：定时器的最大定时时间只有 9990 s，如果控制系统需要更长的定时时间，可以利用计数器来扩展定时器的定时时间。PLC 控制计数器扩展定时时间梯形图程序示例如图 4.27 所示。

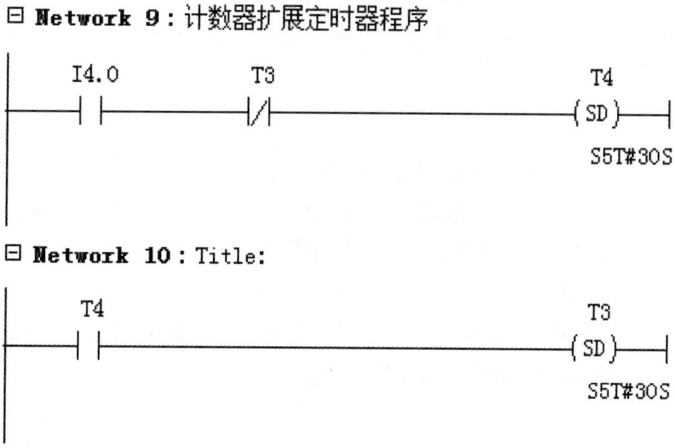

```
□ Network 9：计数器扩展定时器程序

        I4.0          T3                        T4
    ────┤├────────────┤/├──────────────────────( SD )──────
                                               S5T#30S


□ Network 10：Title:

        T4                                       T3
    ────┤├───────────────────────────────────( SD )──────
                                               S5T#30S
```

图 4.27　PLC 控制计数器扩展定时时间梯形图程序示例

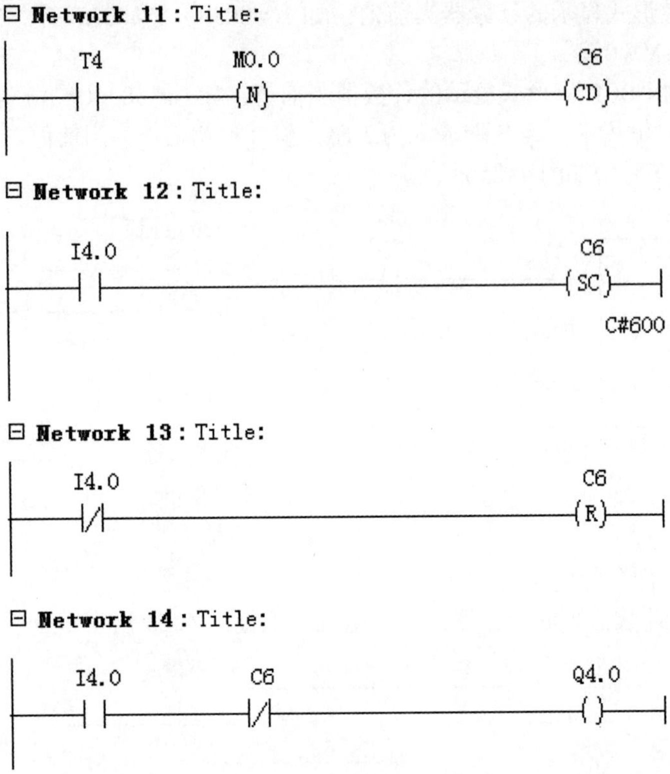

□ **Network 11**：Title：

```
      T4              M0.0                        C6
      ┤├──────────────(N)─────────────────────(CD)┤
```

□ **Network 12**：Title：

```
      I4.0                                        C6
      ┤├──────────────────────────────────────(SC)┤
                                              C#600
```

□ **Network 13**：Title：

```
      I4.0                                        C6
      ┤/├─────────────────────────────────────(R)┤
```

□ **Network 14**：Title：

```
      I4.0            C6                         Q4.0
      ┤├──────────────┤/├──────────────────────( )┤
```

图 4.27　PLC 控制计数器扩展定时时间梯形图程序示例(续)

3. S_CD(减计数器)

当减计数器输入端 CD 每出现一个上升沿时，则计数器从当前值开始自动减 1 计数。当计数器的当前值大于 0 时，则计数器输出端 Q 为 1；当计数器当前值为 0 时，计数器输出端 Q 为 0；当计数器的当前值计到 0 时，计数值保持为 0 不变。

无论什么时候，只要 R 端输入为 1，则减计数器立即停止工作，计数器当前值变为 0，Q 端输出为 0，即减计数器复位。

4. S_CUD(加/减计数器)

加/减计数器既有加计数输入端 CU，又有减计数输入端 CD，结合了加计数器和减计数器的功能。当加计数输入端 CU 出现上升沿时，计数器进行加 1 计数；当减计数输入端 CD 出现上升沿时，计数器进行减 1 计数。当计数器当前值大于 0 时，计数器的输出端 Q 为 1；当计数器当前值为 0 时，计数器输出端 Q 为 0。

无论什么时候，只要 R 端输入为 1，则加/减计数器立即停止工作，计数器当前值变为 0，Q 端输出为 0，即加/减计数器复位。

5. 计数器指令的应用实例

例 4-17：某控制系统要求按下按钮 I0.0 后，Q0.0 变为 1 状态并自保持，I0.1 输入 3 个脉冲后，定时器开始定时，5 s 后输出 Q0.0 变为 0 状态，I/O 时序图如图 4.28 所示。请根据题意编写梯形图程序。

解析：本例可以利用定时器和计数器分别来实现定时和计数功能，本程序中定时器选用接通延时定时器，计数器选用减计数器。

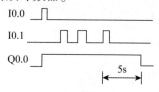

图 4.28　I/O 时序图

　　本例的 PLC 控制梯形图程序示例如图 4.29 和图 4.30 所示。其中，图 4.29 采用的是定时器和计数器的方块图指令编写的程序，而图 4.30 采用的是定时器和计数器的线圈指令编写的程序，二者实现的功能是完全相同的。

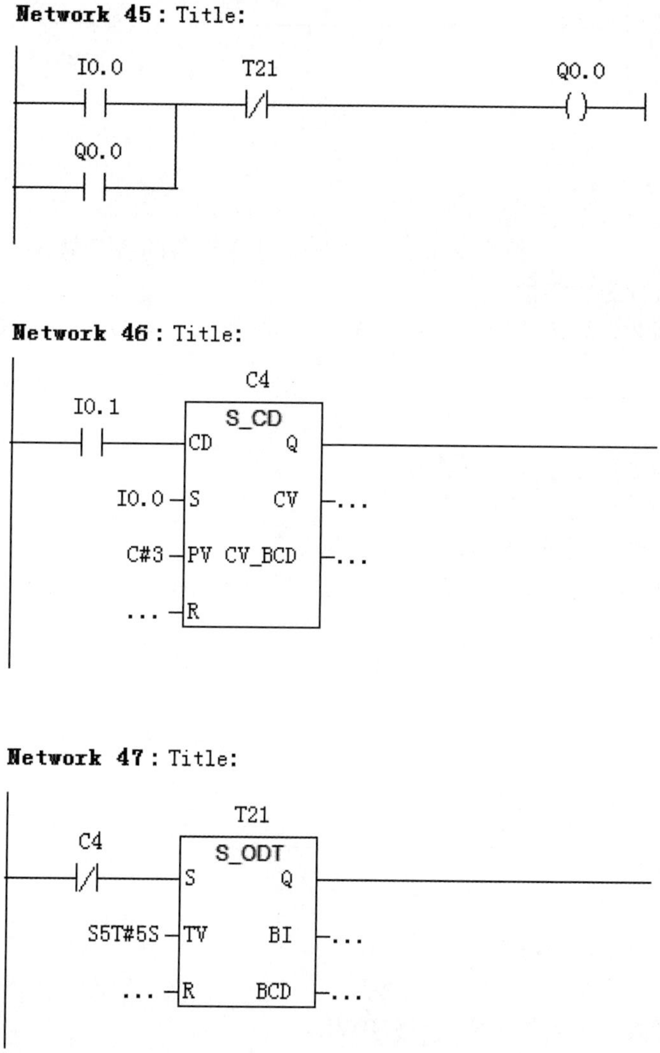

Network 45: Title:

```
   I0.0        T21              Q0.0
 ──┤├────┬──────┤/├──────────────( )──┤
          │
   Q0.0   │
 ──┤├─────┘
```

Network 46: Title:

```
                C4
   I0.1      ┌────────┐
 ──┤├────────┤CD  S_CD│
             │      Q  ├──────────────────
             │         │
   I0.0──────┤S     CV ├── ...
             │         │
   C#3───────┤PV CV_BCD├── ...
             │         │
   ... ──────┤R        │
             └─────────┘
```

Network 47: Title:

```
                T21
   C4        ┌────────┐
 ──┤/├───────┤S  S_ODT│
             │      Q  ├──────────────────
             │         │
  S5T#5S─────┤TV    BI ├── ...
             │         │
   ... ──────┤R    BCD ├── ...
             └─────────┘
```

图 4.29　PLC 控制梯形图程序示例 1

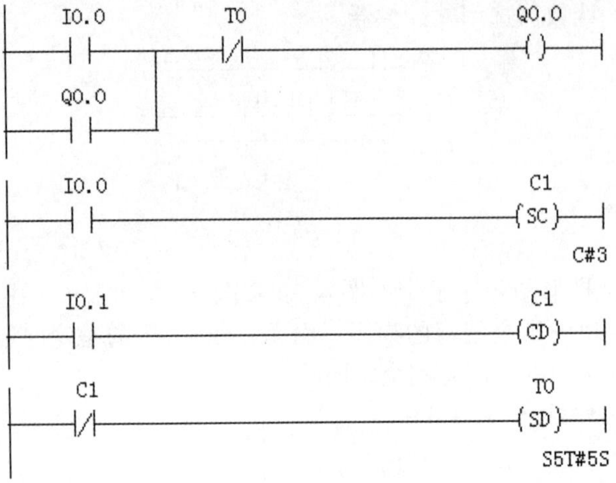

```
      I0.0              T0                          Q0.0
    ──┤ ├────────────┤/├──────────────────────────( )──
      Q0.0
    ──┤ ├──

      I0.0                                          C1
    ──┤ ├──────────────────────────────────────────(SC)──
                                                    C#3

      I0.1                                          C1
    ──┤ ├──────────────────────────────────────────(CD)──

      C1                                            T0
    ──┤/├──────────────────────────────────────────(SD)──
                                                    S5T#5S
```

图 4.30　PLC 控制梯形图程序示例 2

4.1.6　数字指令

在 S7-300PLC 中，CPU 按照字节、字、双字对存储器的各存储区进行访问，并对其进行运算的指令被称为数字指令。

数字指令包括装入与传输指令、比较指令、转换指令、移位指令、算术运算指令和字逻辑运算指令等。

1. 装入与传输指令

装入与传输指令可分为以下两种形式。

(1)语句表形式的装入与传输指令。

装入与传输指令必须通过累加器进行数据交换。

装入指令 L(Load)用于将操作数的内容装入累加器 1 中，没有用到的位清零(累加器 1 原有的数据移入累加器 2 中)。

传输指令 T(Transfer)用于将累加器 1 中的内容写入目的存储区中，累加器 1 的内容不变。

装入指令与传输指令的格式如下。

装入指令格式：L　操作数。

传输指令格式：T　操作数。

例如，L　256，

　　　　T　MW　52，

　　　　L　DW#16#FFFFFFFF，

　　　　T　MD　56。

(2)梯形图形式的装入与传输指令(MOVE)。

梯形图形式的装入与传输指令以方块图的形式表示。当使能输入端 EN 有效时，将数据输入端 IN 中的数据传输给输出端 OUT。装入与传输指令可以对字节、字、双字数据进行操作。

注：输入端和输出端的数据类型要保持一致。

梯形图形式的装入与传输指令应用示例如下。

例4-18: 编程实现当I0.0闭合时, 将16#8000赋值给地址为MW0、MW2和MW4的存储单元。

该例的解析略, PLC控制装入与传输指令梯形图程序示例如图4.31所示。

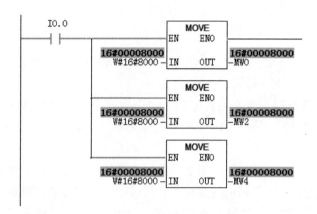

图4.31　PLC控制装入与传输指令梯形图程序示例

例4-19: 编程实现按下按钮SB(I0.0)后, 将存储区MB0~MB3的数据清除。

解析: 将数据清零可以使用数据传输指令实现, 即把0传输给清零的存储区, MB0~MB3是4个字节, 相当于一个32位的双字, 因此使用MOVE数据传输指令将0传输给MD0即可实现该功能。该例的PLC控制梯形图程序示例如图4.32所示。

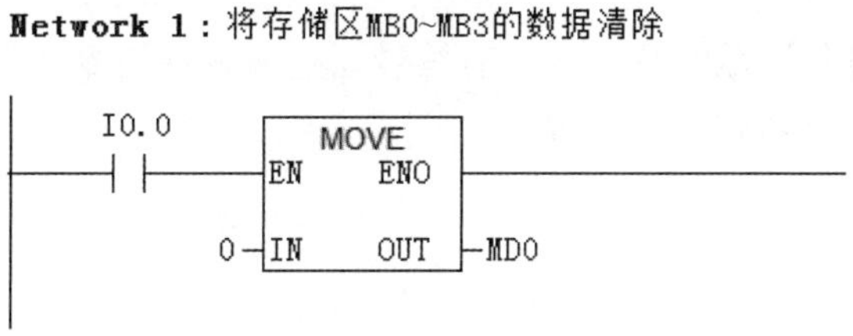

Network 1: 将存储区MB0~MB3的数据清除

```
        I0.0        MOVE
       --| |------EN    ENO----
                  0 --IN   OUT -- MD0
```

图4.32　PLC控制梯形图程序示例

2. 比较指令

比较指令用于对两个数据的关系进行比较。比较数据关系类型主要包括以下6种: 相等、不等、大于、小于、大于或等于和小于或等于。比较指令有整数比较指令、双整数(长整数)比较指令和实数(浮点数)比较指令3种。

比较指令的功能类似于触点指令, 若输入端IN1和输入端IN2中两个数据的比较结果为真, 则比较指令相当于常开触点闭合, 后续电路接通有电流通过; 若输入端IN1和输入端IN2中两个数据的比较结果为假, 则比较指令相当于常开触点断开, 后续电路没有电流通过。

注: 比较指令中的数据类型必须相同。

比较指令梯形图程序示例及仿真运行结果如图4.33所示。

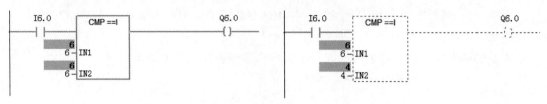

图4.33　比较指令梯形图程序示例及仿真运行结果

比较指令与计数器指令、比较指令与定时器指令应用的梯形图程序示例及仿真运行结果分别如图4.34和图4.35所示。

例4-20：某设备上有一个光电传感器，用来检测工件，每检测到一个工件时计数一次。当计数到5个时，发出装箱信号(Q)，装箱时间为3s，3s后计数器复位，重新开始计数。

解析：本例中对工件的计数可以用加计数器进行加1计数，然后用比较指令判断数量是否达到要求，若达到要求，则进行装箱，装箱时间可以用接通延时定时器控制。

I/O地址分配情况如下：检测工件光电传感器地址为I3.2，装箱信号地址为Q3.5。

PLC控制工件检测梯形图程序示例如图4.36所示。

3. 移位指令

移位指令可以分为以下两种类型：基本移位指令(简称移位指令)和循环移位指令。移位指令和循环移位指令的语句表、梯形图的表示方式及功能描述如表4.7所示。

(1)移位指令。

移位指令包括有符号整数右移指令、有符号双整数右移指令、字左移指令、双字左移指令、字右移指令、双字右移指令6种。

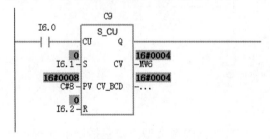

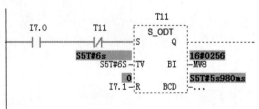

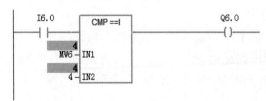

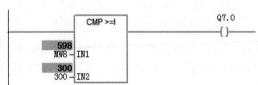

图4.34　比较指令与计数器指令应用的
梯形图程序示例及仿真运行结果

图4.35　比较指令与定时器指令应用的
梯形图程序示例及仿真运行结果

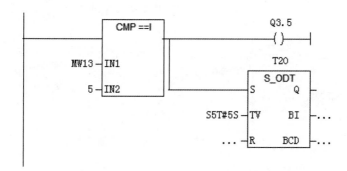

Network 30：工件检测程序

Network 31：Title：

图 4.36　PLC 控制工件检测梯形图程序示例

对于有符号的整数和双整数右移指令，移位规则如下：逐位右移，移走后空出来的位用符号位来添补，即低位丢弃、高位补符号位。

注：正数的符号位是 0，负数的符号位是 1。

对于无符号的字、双字左移和右移指令，移位规则如下：逐位左移或右移，移走后空出来的位用 0 来添补，最后移出的位存入状态字寄存器 CC1 中。

字、双字左移和右移梯形图程序如图 4.37 所示。

表 4.7　移位指令和循环移位指令的语句表、梯形图的表示方式及功能描述

名称	语句表	梯形图	功能描述
有符号整数右移	SSI	SHR_I	整数逐位右移，空出的位用符号位添补
有符号双整数右移	SSD	SHR_DI	双整数逐位右移，空出的位用符号位添补
字左移	SLW	SHL_W	字逐位左移，空出的位用 0 添补
双字左移	SLD	SHL_DW	双字逐位左移，空出的位用 0 添补
字右移	SRW	SHR_W	字逐位右移，空出的位用 0 添补
双字右移	SRD	SHR_DW	双字逐位右移，空出的位用 0 添补
双字循环左移	RLD	ROL_DW	双字逐位循环左移，空出位添补移出位
双字循环右移	RRD	ROR_DW	双字逐位循环右移，空出位添补移出位

（2）循环移位指令。

循环移位指令包括双字循环左移指令和双字循环右移指令两种。

移位规则如下：逐位循环移动，空出位添补移出位。

双字循环左移和右移梯形图程序示例如图4.38所示。

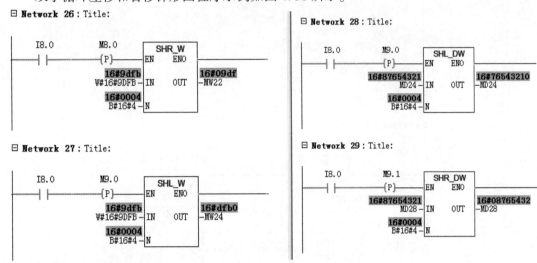

图 4.37　字、双字左移和右移梯形图程序示例

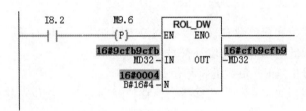

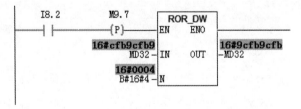

图 4.38　双字循环左移和右移梯形图程序示例

（3）循环移位指令的应用。

例 4-21：编写梯形图程序实现节日彩灯的循环闪烁功能，即设计跑马灯控制程序。

解析：依题意，当按下启动按钮（I30.0）后，32 个节日彩灯依次点亮并循环闪烁，时间间隔为 5 s。利用定时器设计一个周期为 10 s 的脉冲发生器，采用循环移位指令实现彩灯依次点亮功能，PLC 控制跑马灯梯形图程序示例如图 4.39 所示。

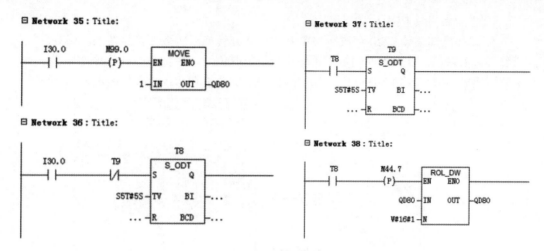

图 4.39　PLC 控制跑马灯梯形图程序示例

4. 转换指令

转换指令的主要功能是对不同的数据类型进行相互转换，转换类型主要包括 BCD 码和整数相互转换、BCD 码和双整数相互转换、整数转换成双整数、双整数转换成浮点数（实数）等。

（1）BCD 码和整数相互转换。

BCD 码和整数和相互转换的梯形图程序示例及仿真运行结果如图 4.40 所示。

注：BCD 码的最高位是符号位（0 表示正数，1 表示负数）。

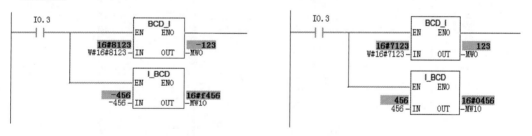

图 4.40　BCD 码和整数相互转换的梯形图程序示例及仿真运行结果

（2）浮点数与双整数相互转换。

浮点数与双整数转换指令包括浮点数转换成双整数指令和双整数转换成浮点数指令两种。

其中，浮点数转换成双整数指令包括以下 4 种：浮点数四舍五入转换成双整数（ROUND）；浮点数截位取整转换成双整数（TRUNC）；浮点数转换成小于或等于该数的最大双整数，即向下取整（FLOOR）；浮点数转换成大于或等于该数的最小双整数，即向上取整（CEIL）。

双整数转换成浮点数只有一种指令，即 DI-R。

浮点数与双整数相互转换梯形图程序示例及仿真运行结果如图 4.41 所示。

（3）数据转换指令应用。

例4-22：已知整数2020存放在MW40中，将其转换成实数并存放在MD50中。

解析：依题意，首先需要用数据传输指令进行赋值，然后把整数转换成双整数，再将双整数转换成实数存放到MD50中，梯形图程序示例及仿真运行结果如图4.42所示。

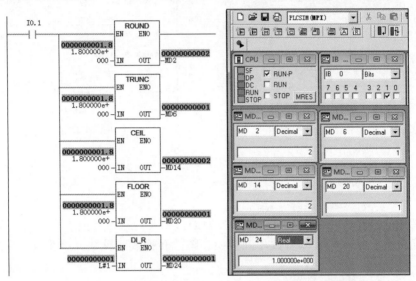

图4.41　浮点数与双整数相互转换梯形图程序示例及仿真运行结果

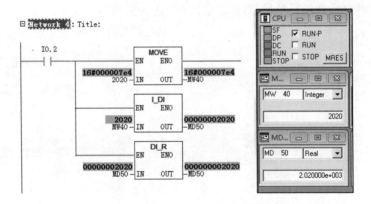

图4.42　数据转换指令应用梯形图程序示例及仿真运行结果

5. 算术运算指令

算术运算指令有以下两类：一类是基本算术运算指令，另一类是扩展算术运算指令。

基本算术运算指令主要完成整数、长整数及实数的加、减、乘、除、求余、求绝对值等运算。扩展算术运算指令主要完成32位浮点数的平方、平方根、自然对数、基于e的指数运算及三角函数等的运算。

（1）整数及双整数算术运算。

整数及双整数算术运算梯形图程序示例及仿真运行结果如图4.43所示。

注：整型除法不产生余数，若运算时超出计算范围，则ENO＝0，输出为0。

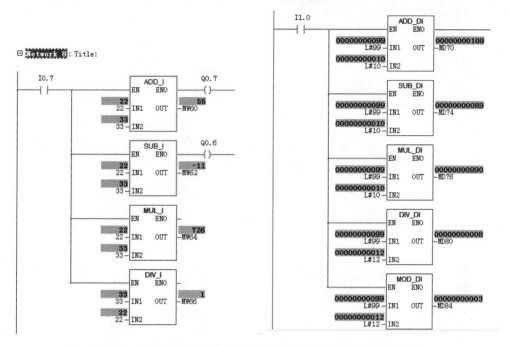

图 4.43　整数及双整数算术运算梯形图程序示例及仿真运行结果

（2）浮点数算术运算。

浮点数加、减、乘、除算术运算梯形图程序示例及仿真运行结果如图 4.44 所示。

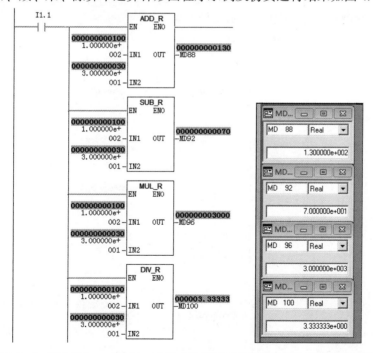

图 4.44　浮点数加、减、乘、除算术运算梯形图程序示例及仿真运行结果

　　浮点数平方根、平方、自然对数、指数、正弦、余弦、正切算术运算梯形图程序示例及仿真运行结果如图 4.45 所示。

　　注：三角函数的输入值是弧度，不是角度。

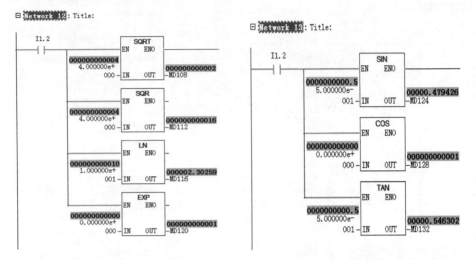

图 4.45　浮点数平方根、平方、自然对数、指数、正弦、余弦、正切算术运算梯形图程序示例及仿真运行结果 2

　　(3) 算术运算指令应用。

　　例 4-23：编写程序，将 58 英寸转换成以毫米为单位的整数(1 in=25.4 mm)。

　　解析：要实现单位的换算，首先要将整数转换成实数，然后进行相应的算术运算。

PLC 控制梯形图程序示例及仿真运行结果如图 4.46 所示。

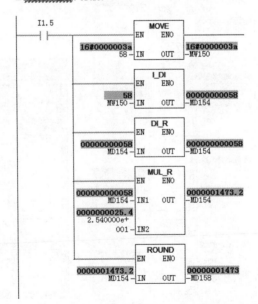

图 4.46　PLC 控制梯形图程序示例及仿真运行结果

例 4-24：编写程序，通过一个字存储器记录 I2.0 上升沿的次数，如果记录次数累计达到 200 次，就将字存储器清零。

解析：本例可以先采用加法运算指令对 I2.0 的上升沿次数进行加 1 计数，再通过比较指令判断是否满足条件要求，若检测到记录次数累计达到 200 次，则通过数据传输指令 MOVE 将存储器清零即可实现该控制要求。PLC 控制梯形图程序示例如图 4.47 所示。

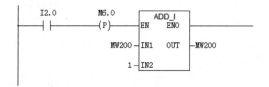

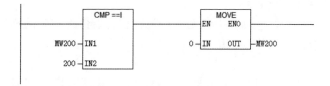

图 4.47　PLC 控制梯形图程序示例

6. 字逻辑运算指令

字逻辑运算指令可对字或双字逐位进行逻辑与、逻辑或、逻辑异或的运算。

逻辑与、或和异或运算指令梯形图程序示例及仿真运行结果如图 4.48 所示。

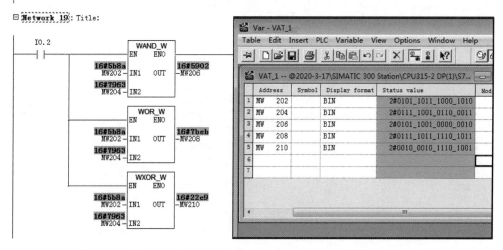

图 4.48　逻辑与、或和异或运算指令梯形图程序示例及仿真运行结果

4.1.7　控制指令

控制指令用来控制程序的执行顺序，从而使 CPU 可以根据不同的情况执行不同的程序。控制指令可以分为以下 3 类：逻辑控制指令、程序控制指令及主控继电器指令。

1. 逻辑控制指令

逻辑控制指令主要有跳转指令和循环指令两种。

(1)跳转指令。

执行跳转指令时，将直接中断当前的程序扫描，跳转到由标号所指定的目标地址处执行程序扫描。

①无条件跳转指令(JMP)：没有任何条件的限制，指令左端直接连接到左母线上，遇到该指令后，原有的线性程序即被中断，并跳转到目标地址处执行程序。

②有条件跳转指令(JMPN)：指令左端需连接输入信号，左侧逻辑运算结果为 1 时，执行跳转指令；左侧逻辑运算结果为 0 时，跳转指令不起作用，程序不受影响，将按照原来的指令顺序继续执行，不会发生跳转。

有条件跳转指令的执行条件若为"否"，则其和无条件跳转指令类似，也可以分为无条件跳转和有条件跳转，不同的是，有条件跳转指令发生跳转的条件是其左侧的逻辑结果为 0，若结果为 1，则指令不起作用。

无条件跳转指令、有条件跳转指令无条件跳转和有条件跳转时的梯形图程序对比及仿真运行结果分别如图 4.49 和图 4.50 所示。

(2)循环指令。

使用循环指令(LOOP)可以多次重复执行特定的程序段，由累加器 1 确定重复执行的次数，即以累加器 1 的低字为循环计数器。

循环指令执行时，将累加器 1 低字中的值减 1，若不为 0，则继续循环过程，否则执行循环指令后面的指令。循环体是指循环标号和循环指令间的程序段。利用循环指令，可以完成有规律的重复计算过程。

注：S7-300PLC 的循环指令存在于语句表中，梯形图中没有循环指令。

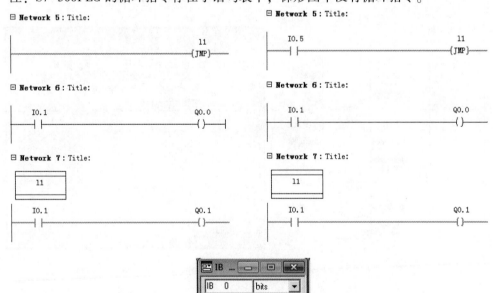

图 4.49 无条件跳转指令无条件跳转和有条件跳转时的梯形图程序对比及仿真运行结果

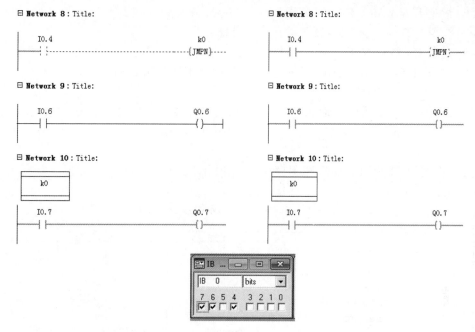

图4.50 有条件跳转指令无条件跳转和有条件跳转时的梯形图程序对比及仿真运行结果

2. 程序控制指令

程序控制指令(CALL)包括功能块(FB、FC、SFB、SFC)调用指令和逻辑块(OB、FB、FC)结束指令。调用块和结束块可以是无条件的,也可以是有条件的。

程序控制指令可以调用用户编写的功能块或操作系统中的系统功能块。程序控制指令的操作数是功能块的类型及其编号,如果调用的功能块是FB时,还需要提供相应的背景数据块DB。程序控制指令可以给被调用的功能块中的形式参数(即形参)赋予实际参数(即实参),但是要保证调用时的形参和实参的数据类型一致。

3. 主控继电器指令

主控继电器指令(MCR)是一种继电器梯形图逻辑的主开关指令,用于控制电流(能流)的通断。该指令可以嵌套,最多可以嵌套8层。

4.2 同步练习

1. 填空题

(1) I7.0~I7.7用一个字节可以表示为_____。

(2) IW100由_____和_____两个字节构成。

(3) 与外部对象没有关系,只是用来存储程序运算过程中的中间临时结果的存储器是_____。

(4) 语句表的操作基本都是在_____中进行的。

(5) 指令 A Q0.3 属于_____寻址方式。

(6)指令 L W［AR2,P#1.0］属于_____寻址方式。

(7)指令 L DBW［MW20］属于_____寻址方式。

(8)指令 L L#150 属于_____寻址方式。

(9)在图 4.51 所示的梯形图程序中，当触点 I20.1 闭合后，MW300 =_____，MD304 =_____，MD310 =_____。

(10)在图 4.52 所示的梯形图程序中，已知：MW202 = 16#1B34，MW204 = 16#3A7F，当I0.2 闭合后，MW206 = 16#_____，MW208 = 16#_____，MW210 = 16#_____。

(11)在图 4.53 所示的梯形图程序中，当I0.1 闭合后，Q0.1 为状态_____，Q0.2 为状态_____。

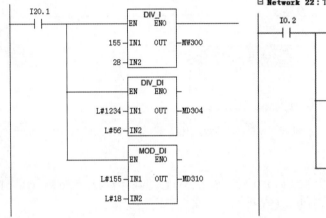

图 4.51　(9)题梯形图程序　　　　　　图 4.52　(10)题梯形图程序

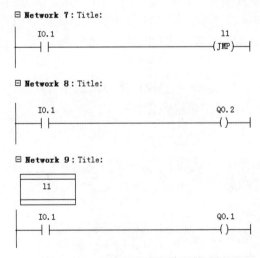

图 4.53　(11)题梯形图程序

2. 简答题

(1)S7-300PLC 操作数的寻址方式有哪几种？

(2)S7-300PLC 有哪些内部元器件？

(3)S7-300PLC 的基本数据类型有哪些？

(4)RLO 跳边沿检测指令和触点信号边沿检测指令有哪些异同点？

3. 编程题

(1)设计满足图 4.54 所示 I/O 时序图的梯形图程序。

(2)设计满足图 4.55 所示 I/O 时序图的梯形图程序。

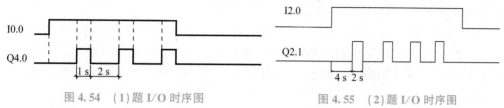

图 4.54　(1)题 I/O 时序图　　　　图 4.55　(2)题 I/O 时序图

(3)设计满足图 4.56 所示 I/O 时序图的梯形图程序。

(4)设计满足图 4.57 所示 I/O 时序图的梯形图程序。

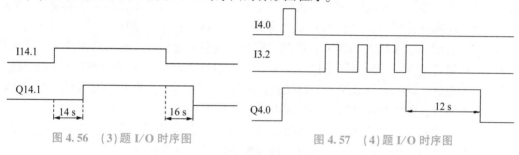

图 4.56　(3)题 I/O 时序图　　　　图 4.57　(4)题 I/O 时序图

(5)设计满足图 4.58 所示 I/O 时序图的梯形图程序。

(6)设计满足图 4.59 所示 I/O 时序图的梯形图程序。

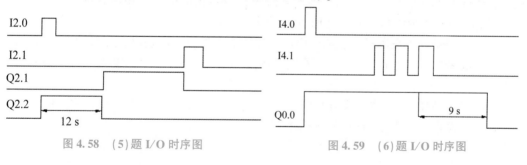

图 4.58　(5)题 I/O 时序图　　　　图 4.59　(6)题 I/O 时序图

4. 实际应用设计题

(1)已知有两台电机 M1、M2，启动时电机 M1、M2 同时启动，停止时电机 M2 停止以后，电机 M1 才能停止。依题意，设计 I/O 地址分配与梯形图程序。

(2)设计一个周期为 10 s 的方波发生器的梯形图程序。

(3)按下按钮(I0.0)一次，灯 L1(Q0.0)亮；按下按钮(I0.0)两次，灯 L1(Q0.0)和灯 L2(Q0.1)都亮；按下按钮(I0.0)3 次，灯 L1(Q0.0)和 L2(Q0.1)都熄灭。依题意，设计梯形图程序。

(4)当按下按钮 S1(I3.0)时，电机(Q3.0)延迟 7 s 后启动，松开按钮 S1 后电机延迟 9 s停止。依题意，设计出梯形图程序。

（5）按下按钮(I7.0)后，Q8.0变为1状态并保持，当I7.1输入5个脉冲后(计数器C1计数)，T1开始定时，13 s后Q8.0变为0状态。依题意，设计出梯形图程序。

（6）用S7-300PLC控制一盏灯的闪烁，闪烁频率为1 Hz，设计梯形图程序。

（7）设计两台电机顺序启停的控制程序。按下启动按钮，电机1启动，3 min后电机2自动启动；按下停止按钮，延时35 s后两台电机同时停机。列出I/O地址分配表，绘制PLC的外部接线图，设计梯形图程序。

（8）已知3台电机启停控制要求为：按下SB1按钮，电机M1和电机M2启动运行，30 s后，电机M2停机而电机M3启动；按下SB2按钮，3台电机全部停止运行。该系统采用S7-300PLC实现控制功能，依题意，列出I/O地址分配表，绘制PLC外部接线图，设计梯形图程序。

（9）两条传输带顺序相连，为了避免物料在1号传输带上堆积，按下SB1按钮1号传输带开始运行，9 s后2号传输带自动启动。停机时，为了避免物料堆积，停机的顺序与启动的顺序刚好相反，即按下SB2按钮后，先停2号传输带，10 s后停1号传输带。依题意，列出I/O地址分配表，绘制PLC的外部接线图，设计梯形图程序。

（10）设计鼓风机系统控制程序。该鼓风机系统由引风机和鼓风机两级构成。按下启动按钮后，首先启动引风机，引风机指示灯亮，10 s后鼓风机自动启动，鼓风机指示灯亮。按下停止按钮后，首先关断鼓风机，鼓风机指示灯灭，20 s后自动关断引风机，引风机指示灯灭。依题意，确定I/O地址分配情况并设计梯形图程序。

（11）第1次按下按钮指示灯亮，第2次按下按钮指示灯闪烁，第3次按下按钮指示灯灭，如此循环执行。依题意，确定I/O地址分配情况并设计梯形图程序。

（12）用一个按钮控制两盏灯的亮灭。当第1次按下按钮时第1盏灯亮，第2盏灯灭；当第2次按下按钮时第1盏灯灭，第2盏灯亮；当第3次按下按钮时两盏灯都灭。依题意，确定I/O地址分配情况并设计梯形图程序。

（13）锅炉系统中鼓风机和引风机启停的控制要求如下：启动时，先启动引风机，10 s后再启动鼓风机；停止时，先停鼓风机，18 s后再停引风机。依题意，请设计梯形图程序。

（14）按下按钮SB1，指示灯L1亮，10 s后指示灯L1开始闪烁，直到按下按钮SB2，指示灯闪烁停止。依题意，设计梯形图程序。

4.3 答案解析

1. 填空题

（1）IB7；（2）IB100，IB101；（3）M(中间继电器或位存储器)；（4）累加器；（5）存储器直接；（6）寄存器间接；（7）存储器间接；（8）立即；（9）5，22，11；（10）1A34，3B7F，214B；（11）1，0。

2. 简答题

（1）S7-300PLC操作数的寻址方式有4种，分别是立即寻址、存储器直接寻址、存储器间接寻址和寄存器间接寻址。

（2）S7-300PLC 的内部元器件有输入映像寄存器(I)、输出映像寄存器(Q)、位存储区（M）、外部输入寄存器(PI)、外部输出寄存器(PQ)、定时器(T)、计数器(C)等。

（3）S7-300PLC 的基本数据类型有位（bit）、字节（BYTE）、字（WORD）、双字（DWORD）、整数（INT）、双整数（DINT）、实数（REAL）、时间（TIME）、日期（DATE）、实时时间（Time_Of_Daytod）、S5 系统时间（S5TIME）、字符（CHAR）等。

（4）RLO 跳边沿检测指令和触点信号边沿检测指令的相同点是检测的都是跳边沿，都属于边沿检测指令；不同点是 RLO 跳边沿检测指令检测的是 RLO 运算的结果，而触点信号边沿检测指令检测的是单个触点信号。

3. 编程题

（1）梯形图程序如图 4.60 所示。

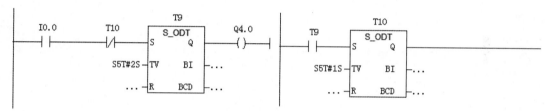

图 4.60　（1）题梯形图程序

（2）梯形图程序如图 4.61 所示。

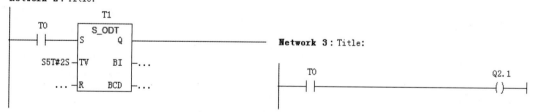

图 4.61　（2）题梯形图程序

（3）梯形图程序如图 4.62 所示。

（4）梯形图程序如图 4.63 所示。

（5）梯形图程序如图 4.64 所示。

（6）梯形图程序如图 4.65 所示。

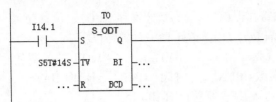

Network 1: Title:

Network 2: Title:

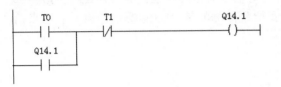

Network 3: Title:

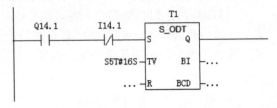

图 4.62　(3)题梯形图程序

Network 4: Title:

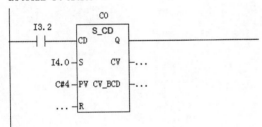

Network 5: Title:

Network 6: Title:

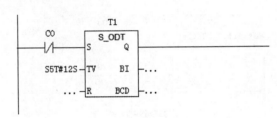

图 4.63　(4)题梯形图程序

Network 7: Title:

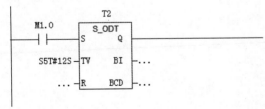

Network 8: Title:

Network 9: Title:

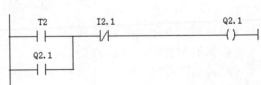

图 4.64　(5)题梯形图程序

Network 10：Title:

```
      I4.0              T1                        Q0.0
  ─────┤ ├──────┬──────┤/├────────────────────────( )────

      Q0.0       │
  ─────┤ ├───────┘
```

Network 11：Title:

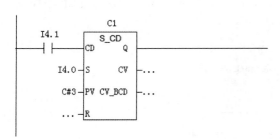

Network 12：Title:

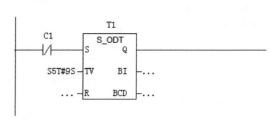

图 4.65　（6）题梯形图程序

4. 实际应用设计题

（1）I/O 地址分配情况如下：I0.0 为启动按钮，I0.1 为停止按钮；Q0.0 为电机 M1 输出，Q0.1 为电机 M2 输出，梯形图程序如图 4.66 所示。

（2）梯形图程序示例如图 4.67 所示。

Network 13：Title:

```
      I0.0                            Q0.0
  ─────┤ ├──────┬──────────────────────(S)──
                │
                │                      Q0.1
                └──────────────────────(S)──
```

Network 16：Title:

```
      I2.2        T3          T4
  ─────┤ ├────────┤/├───────┤S_PULSE├──────Q2.2
                          S        Q      ( )
              S5T#5S ─── TV       BI ─ ...
                 ... ─── R       BCD ─ ...
```

Network 14：Title:

```
      I0.1                            Q0.1
  ─────┤ ├──────────────────────────────(R)──
```

Network 17：Title:

```
      I2.2        T4          T3
  ─────┤ ├────────┤/├───────┤S_PULSE├──────
                          S        Q
              S5T#5S ─── TV       BI ─ ...
                 ... ─── R       BCD ─ ...
```

Network 15：Title:

```
      I0.1       Q0.1                 Q0.0
  ─────┤ ├───────┤/├────────────────────(R)──
```

图 4.66　（1）题梯形图程序　　　　　图 4.67　（2）题梯形图程序

（3）依题意，本程序采用比较指令和计数器指令编写梯形图，给出两种不同的程序供参考。梯形图程序 1 和 2 分别如图 4.68 和图 4.69 所示。

（4）梯形图程序如图 4.70 所示。

（5）梯形图程序如图 4.71 所示。

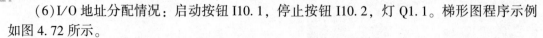

（6）I/O 地址分配情况：启动按钮 I10.1，停止按钮 I10.2，灯 Q1.1。梯形图程序示例如图 4.72 所示。

（7）I/O 地址分配情况如表 4.8 所示，PLC 外部接线图如图 4.73 所示，梯形图程序如图 4.74 所示。

（8）I/O 地址分配情况如表 4.9 所示，PLC 外部接线图如图 4.75 所示，梯形图程序如图 4.76 所示。

（9）I/O 地址分配情况如表 4.10 所示，PLC 外部接线图如图 4.77 所示，梯形图程序如图 4.78 所示。

Network 18 : Title:

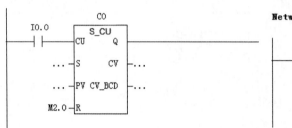

Network 20 : Title:

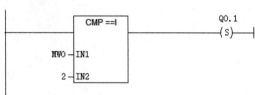

Network 19 : Title:

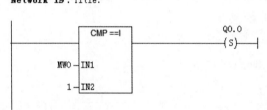

Network 21 : Title:

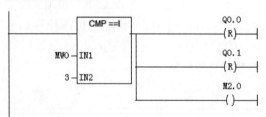

图 4.68　(3)题梯形图程序 1

Network 22 : Title:

Network 23 : Title:

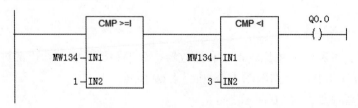

图 4.69　(3)题梯形图程序 2

Network 24：Title:

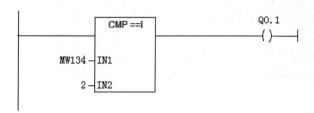

图 4.69　（3）题梯形图程序 2(续)

Network 1：Title:

Network 2：Title:

Network 3：Title:

图 4.70　（4）题梯形图程序

Network 4：Title:

Network 5：Title:

Network 6：Title:

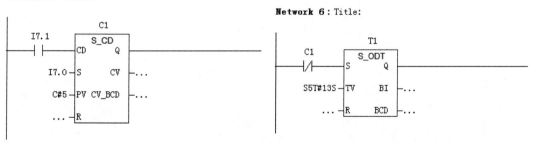

图 4.71　（5）题梯形图程序

Network 7: Title:

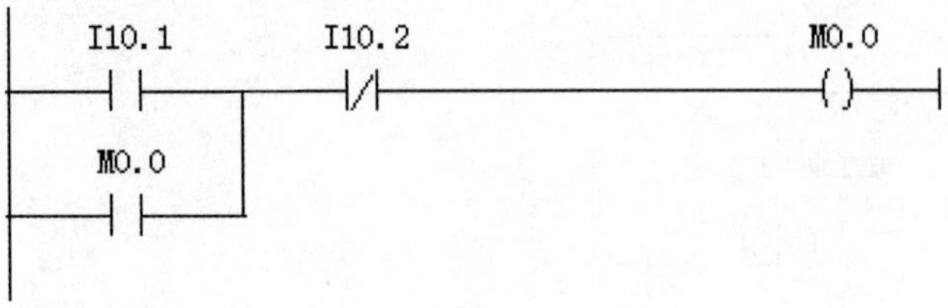

I10.1
I10.2
M0.0
M0.0

Network 8: Title:

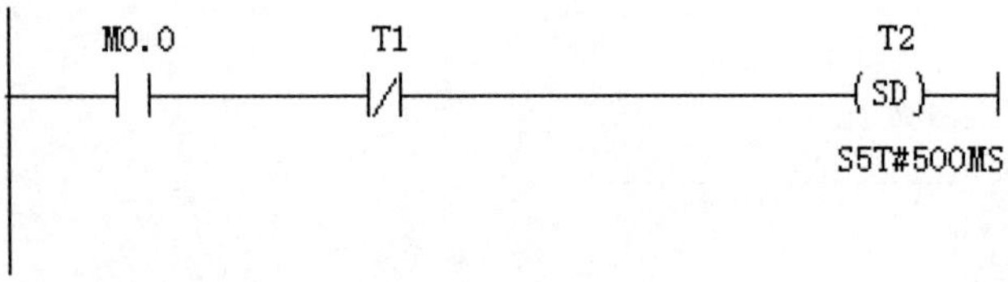

M0.0
T1
T2
SD
S5T#500MS

Network 9: Title:

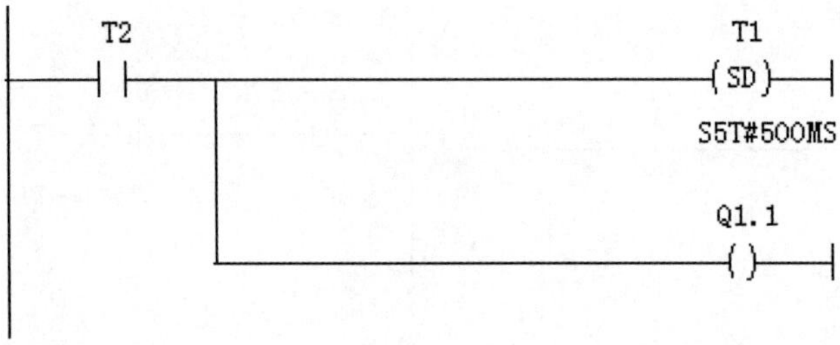

T2
T1
SD
S5T#500MS
Q1.1

图 4.72　(6)题梯形图程序示例

表 4.8　(7)题 I/O 地址分配表

输入		输出	
启动按钮	I0.0	电机 1	Q0.0
停止按钮	I0.1	电机 2	Q0.1

SB1
I0.0
Q0.0
KM1
SB2
I0.1
Q0.1
KM2
1L
AC220
L+

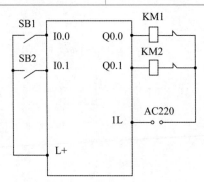

图 4.73　(7)题 PLC 外部接线图

Network 33：两台电机启停控制

```
    I0.0        T10                      Q0.0
   --| |-------|/|----------------------( )--

    Q0.0                                 T11
   --| |--                             S_ODT
                                      ┌────────┐
                              --------│S      Q│
                                S5T#3M│TV    BI│--...
                               ...---─│R    BCD│--...
                                      └────────┘
```

Network 34：Title:

```
    T11         T10                      Q0.1
   --| |-------|/|----------------------( )--
```

Network 35：Title:

```
    I0.1        Q0.1                     M0.1
   --| |-------| |----------------------( )--

    M0.1                                 T10
   --| |--                             S_ODT
                                      ┌────────┐
                              --------│S      Q│
                               S5T#35S│TV    BI│--...
                               ...---─│R    BCD│--...
                                      └────────┘
```

图 4.74　(7)题梯形图程序

表 4.9　(8)题 I/O 地址分配表

输入		输出	
SB1 按钮	I0.0	电机 M1	Q0.1
SB2 按钮	I0.1	电机 M2	Q0.2
—	—	电机 M3	Q0.3

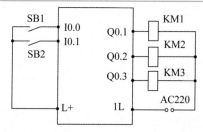

图 4.75　(8)题 PLC 外部接线图

Network 10： 3台电机启停控制

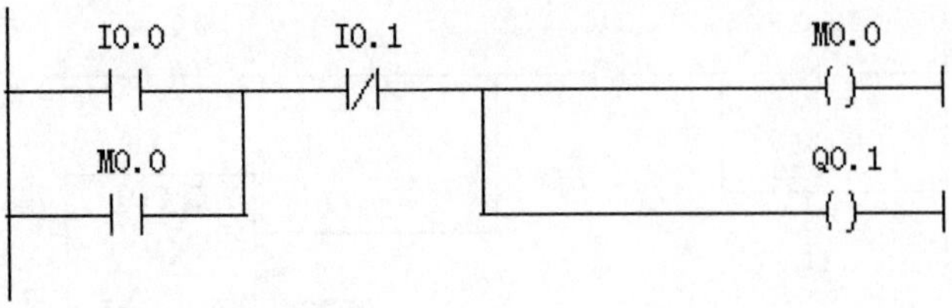

I0.0
I0.1
M0.0
M0.0
Q0.1

Network 11： Title:

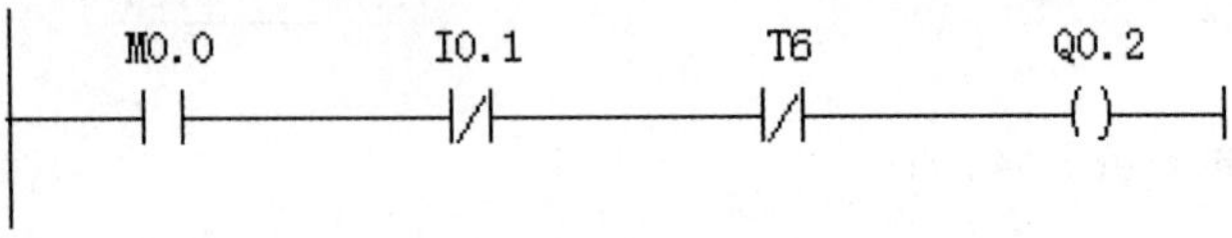

M0.0
I0.1
T6
Q0.2

Network 12： Title:

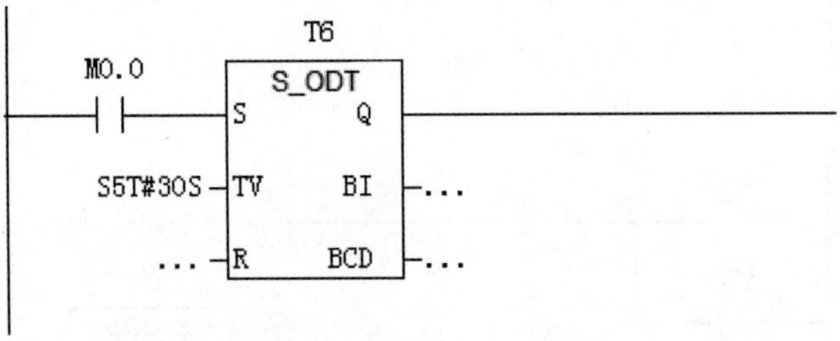

T6
M0.0
S_ODT
S
Q
S5T#30S
TV
BI
...
...
R
BCD
...

Network 13： Title:

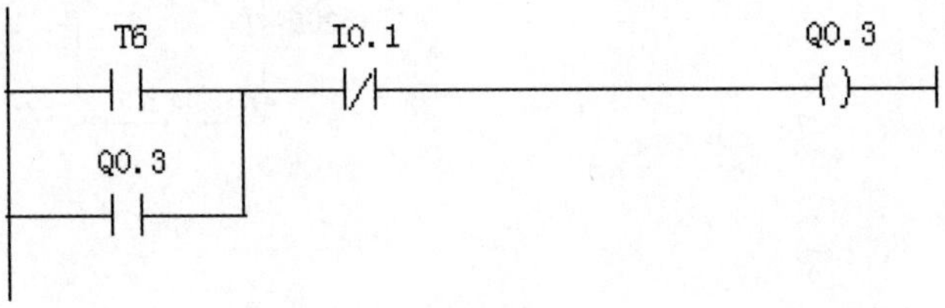

T6
I0.1
Q0.3
Q0.3

图 4.76　(8)题梯形图程序

表 4.10　(9)题 I/O 地址分配表

输入		输出	
按钮 SB1	I2.3	1 号传输带	Q5.6
按钮 SB2	I2.4	2 号传输带	Q5.7

SB1
I2.3
I2.4
SB2
Q5.6
Q5.7
KM1
KM2
L+
1L
AC220

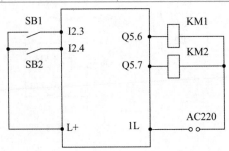

图 4.77　(9)题 PLC 外部接线图

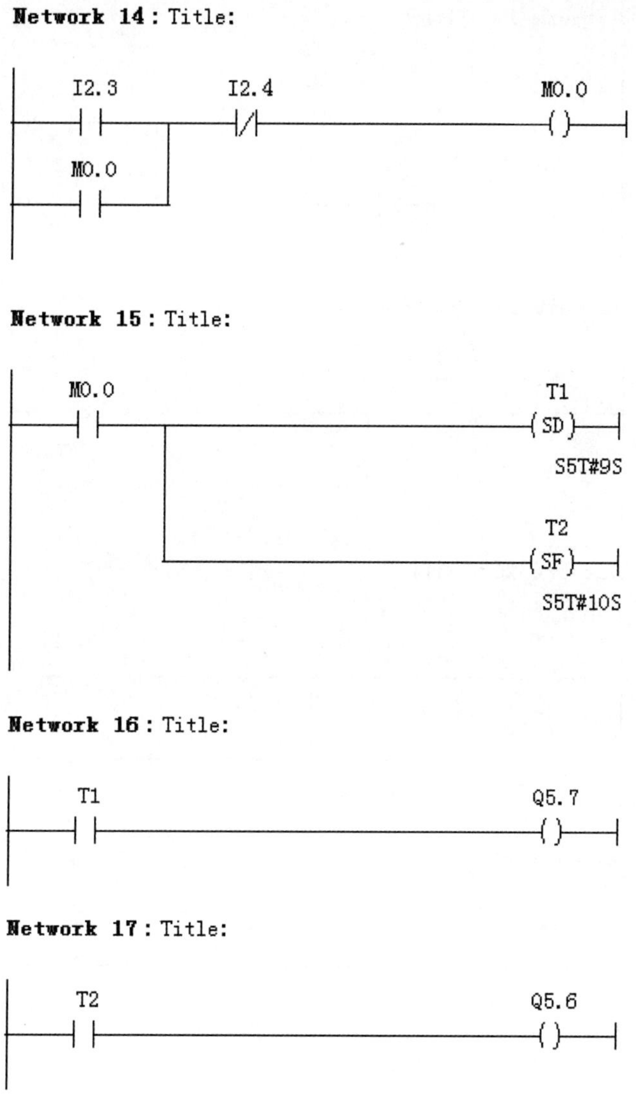

Network 14 : Title:

```
    I2.3          I2.4                         M0.0
    | |           |/|                          ( )
    M0.0
    | |
```

Network 15 : Title:

```
    M0.0                                        T1
    | |                                        (SD)
                                               S5T#9S

                                                T2
                                               (SF)
                                               S5T#10S
```

Network 16 : Title:

```
    T1                                          Q5.7
    | |                                         ( )
```

Network 17 : Title:

```
    T2                                          Q5.6
    | |                                         ( )
```

图 4.78　(9)题梯形图程序

(10)依题意确定输入和输出点数，分配 I/O 地址，如表 4.11 所示。

表 4.11　I/O 地址分配

输入		输出	
启动按钮	I0.0	鼓风机	Q4.1
停止按钮	I0.1	鼓风机指示灯	Q4.2
—	—	引风机	Q4.3
—	—	引风机指示灯	Q4.4

本题采用接通延时定时器实现定时，梯形图程序如图 4.79 所示。

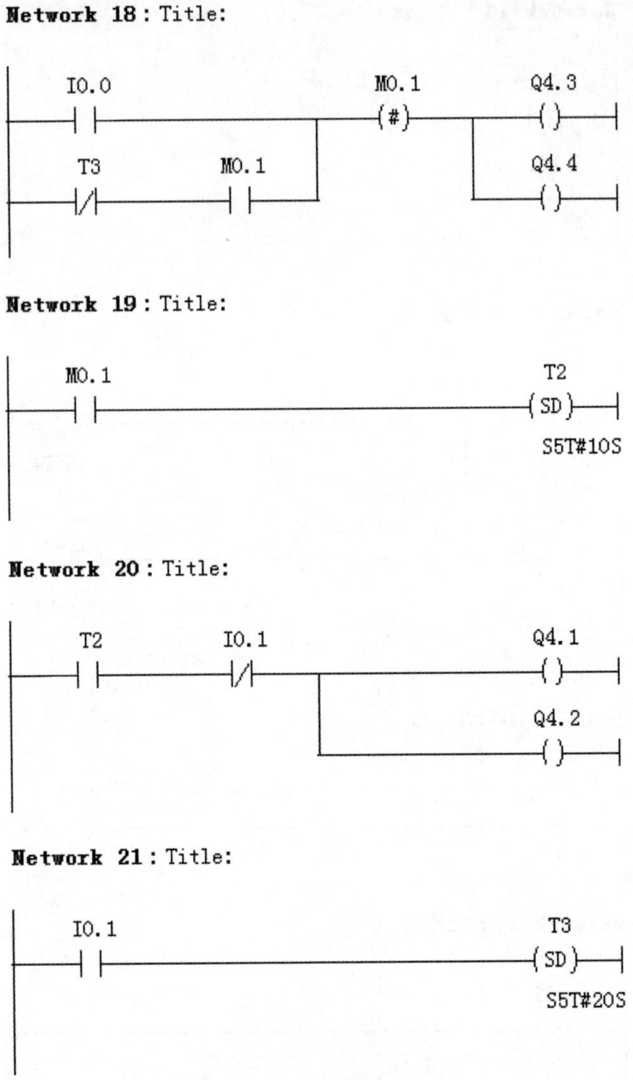

PLC技术及应用题解与案例分析

Network 18: Title:

```
   I0.0              M0.1      Q4.3
  ──┤├──────────────┬─(#)─────( )──
                    │
   T3      M0.1     │         Q4.4
  ──┤/├────┤├───────┘─────────( )──
```

Network 19: Title:

```
   M0.1                        T2
  ──┤├────────────────────────(SD)──
                              S5T#10S
```

Network 20: Title:

```
   T2       I0.1              Q4.1
  ──┤├──────┤/├──────┬────────( )──
                     │        Q4.2
                     └────────( )──
```

Network 21: Title:

```
   I0.1                        T3
  ──┤├────────────────────────(SD)──
                              S5T#20S
```

图 4.79　(10)题梯形图程序

(11)依题意确定输入和输出点数，因为该控制系统中只有一个按钮和一盏指示灯，所以 I/O 点数及地址分配为：输入 1 点，按钮 I0.0；输出 1 点，指示灯 Q0.0。

根据控制要求，采用计数器指令和比较指令来实现按钮控制灯的变化情况，当第 1 次按下按钮时，计数器计数值为 1，通过比较指令，使指示灯 Q0.0 点亮；当第 2 次按下按钮时，计数器计数值为 2，通过比较指令，使指示灯 Q0.0 闪烁；当第 3 次按下按钮时，计数器计数值为 3，通过比较指令，使计数器清零，并使指示灯 Q0.0 熄灭。梯形图程序如图 4.80 所示。

(12)依题意确定输入和输出点数，I/O 点数及地址分配为：输入 1 点，按钮 I0.0；输出 2 点，第 1 盏指示灯 Q0.0，第 2 盏指示灯 Q0.1。

根据题目控制要求，可以采用计数器指令来记录按下按钮的次数，梯形图程序如图 4.81 所示。

076

Network 1：Title:

Network 2：Title:

Network 3：Title:

Network 4：Title:

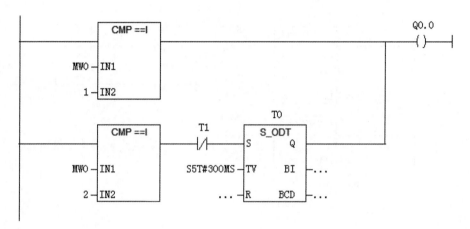

图 4.80　（11）题梯形图程序

Network 5: Title:

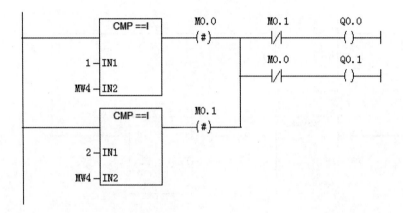

Network 6: Title:

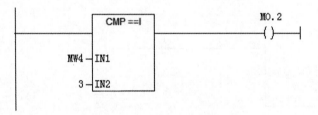

Network 7: Title:

图 4.81 (12)题梯形图程序

(13)依题意确定 I/O 地址分配，如表 4.12 所示。

表 4.12 I/O 地址分配

输入		输出	
启动按钮	I0.0	鼓风机	Q1.0
停止按钮	I0.1	引风机	Q1.1

根据题目控制要求，梯形图程序如图 4.82 所示。

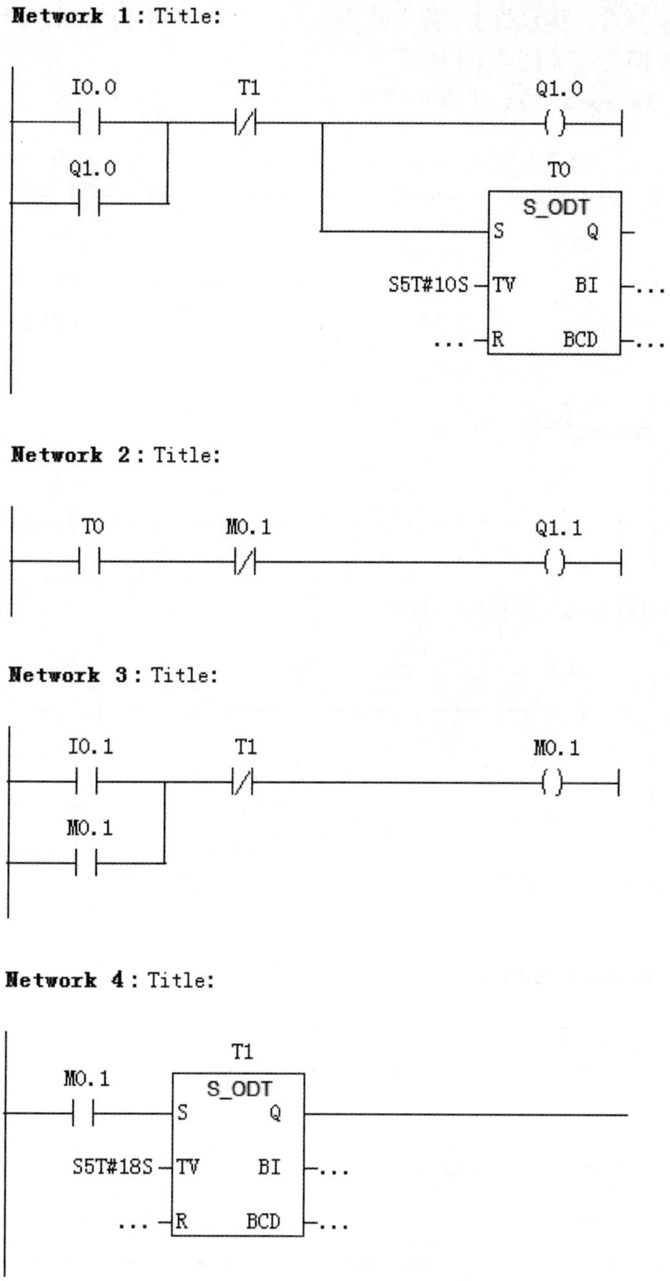

Network 1: Title:

```
    I0.0          T1                              Q1.0
  ──┤├──────┬────┤/├──────┬──────────────────────( )──
    Q1.0    │                                      TO
  ──┤├──────┘             │                    ┌─────────┐
                          │                    │ S_ODT   │
                          └────────────────────┤S       Q│
                               S5T#10S ─────────┤TV    BI ├─ ...
                                   ... ─────────┤R    BCD ├─ ...
                                                └─────────┘
```

Network 2: Title:

```
    TO            M0.1                           Q1.1
  ──┤├──────────┤/├────────────────────────────( )──
```

Network 3: Title:

```
    I0.1          T1                             M0.1
  ──┤├──────┬────┤/├────────────────────────────( )──
    M0.1    │
  ──┤├──────┘
```

Network 4: Title:

```
    M0.1         ┌─────────┐
  ──┤├───────────┤ S_ODT   │                        T1
                 │S       Q├──────────────────────────
        S5T#18S ─┤TV    BI ├─ ...
            ... ─┤R    BCD ├─ ...
                 └─────────┘
```

图 4.82 (13)题梯形图程序

(14) 依题意确定 I/O 地址分配, 如表 4.13 所示。

表 4.13 I/O 地址分配表

输入		输出	
按钮 SB1	I2.0	指示灯 L1	Q2.0
按钮 SB2	I2.1	—	—

根据题目控制要求，指示灯 L1 首先是亮 10 s，10 s 后开始闪烁，因此程序中需要用到闪烁电路，梯形图程序如图 4.83 所示。

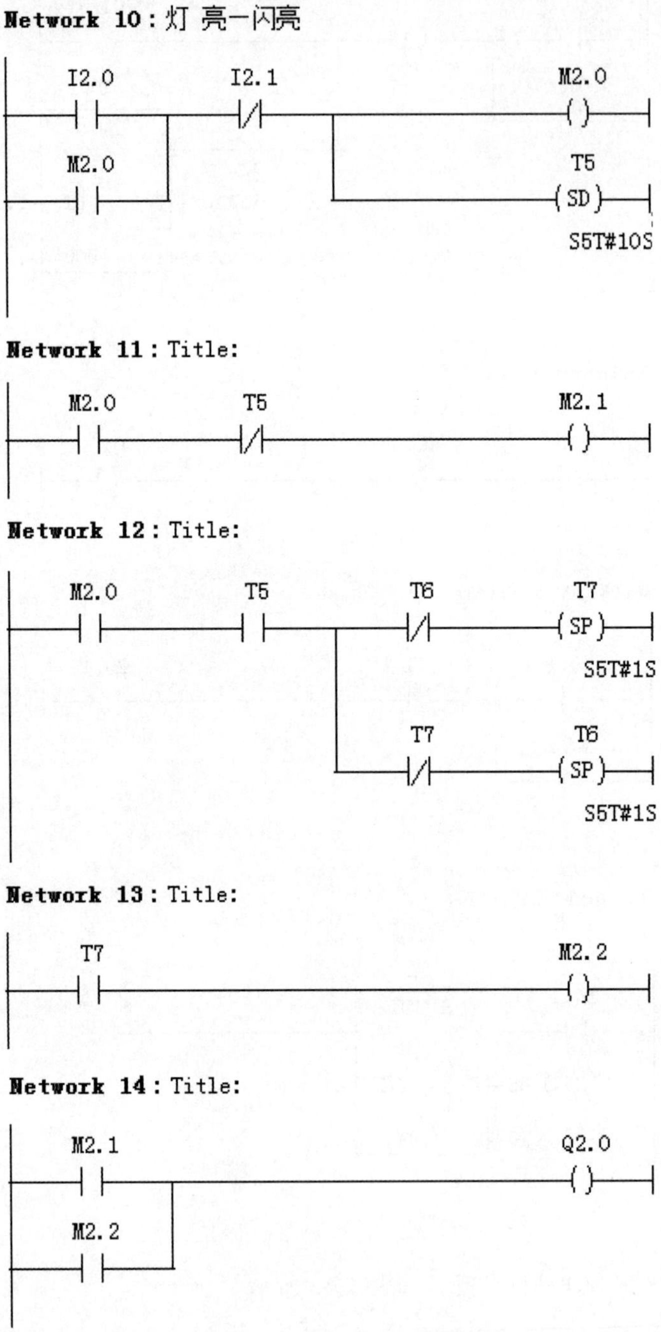

Network 10：灯 亮—闪亮

```
      I2.0           I2.1                        M2.0
    ──┤ ├──────────┤/├──────────┬──────────────( )──────
      M2.0                      │               T5
    ──┤ ├──                     └──────────────(SD)─────
                                                S5T#10S
```

Network 11：Title:

```
      M2.0           T5                          M2.1
    ──┤ ├──────────┤/├────────────────────────( )──────
```

Network 12：Title:

```
      M2.0           T5           T6            T7
    ──┤ ├──────────┤ ├──────┬───┤/├──────────(SP)─────
                            │                  S5T#1S
                            │    T7            T6
                            └───┤/├──────────(SP)─────
                                               S5T#1S
```

Network 13：Title:

```
      T7                                        M2.2
    ──┤ ├──────────────────────────────────────( )──────
```

Network 14：Title:

```
      M2.1                                      Q2.0
    ──┤ ├──────────┬────────────────────────────( )──────
      M2.2         │
    ──┤ ├──────────┘
```

图 4.83　(14)题梯形图程序

第 5 章

S7 程序结构与程序设计

在设计程序时，程序结构设计和数据结构设计都十分重要。S7-300PLC 提供了各种类型的块，可以用来存放用户程序和相关数据。

5.1 知识点归纳

5.1.1 S7-300PLC CPU 模块中的程序

S7-300PLC CPU 模块中的程序包括系统程序和用户程序两种。

系统程序由厂家提供，固化在 CPU 模块中的操作系统中，主要完成 PLC 的启动、刷新、用户程序调用、中断、诊断、通信处理等任务。

用户程序由用户根据特定任务在 STEP 7 中编写，编译后下载到 PLC 的 CPU 模块中，通过 CPU 模块的系统程序控制运行。

5.1.2 用户程序中的块结构

在 STEP 7 中，用户可以将程序分成单个、独立的程序段。根据需要，用户程序可以由不同的块构成。S7-300PLC CPU 模块中的块包括程序块和数据块。

（1）程序块是由 S7 指令构成的程序代码、逻辑块。S7-300PLC CPU 模块中的程序块主要包括组织块（OB）、功能（FC）、功能块（FB）、系统功能（SFC）和系统功能块（SFB）。其中，组织块、功能、功能块中的程序由用户编写；系统功能块和系统功能集成在 S7 功能程序库中，用户不能修改，但可以直接调用。

（2）数据块不包含 S7 指令，只用于存放用户数据。S7-300PLC CPU 模块的数据块包括共享数据块 DB 和背景数据块 DB。

用户程序中的块如表 5.1 所示。

表 5.1　用户程序中的块

块	说明
组织块（OB）	用户程序与操作系统的接口，决定用户程序的结构
功能（FC）	用户编写的子程序，有专用的存储区
功能块（FB）	用户编写的子程序，无专用的存储区
系统功能（SFC）	集成在 CPU 模块中，用于调用系统功能，有专用的存储区
系统功能块（SFB）	集成在 CPU 模块中，用于调用系统功能，无专用的存储区
共享数据块（DB）	存储用户数据的数据区域，供所有的块共享
背景数据块（DB）	用于保存功能块和系统功能块的输入、输出变量和静态变量，其数据在编译时自动生产

1. 组织块

组织块是操作系统与用户之间的接口，由操作系统自动调用。

在 S7-300PLC 的 CPU 模块中，用户程序是由启动程序、主程序和各种中断响应程序等程序模块构成的，而这些模块在 STEP 7 中就是以组织块的形式实现的。

S7-300PLC 中提供了大量的组织块，不同的 PLC 所支持的组织块个数和类型也有所不同，故用户只能编写 PLC 所支持的组织块。

OB1 是循环处理主程序组织块，在任何情况下都必须存在。

OB100～OB102 用于系统初始化，只上电执行一次。

OB10～OB17 用于日期时间中断和 CPU 属性设置。

OB30～OB38 用于循环中断和 CPU 属性设置。

OB20～OB23 用于延时中断。

OB40～OB47 用于硬件中断。

OB1 主程序组织块是用户自己编写的主程序，每次循环扫描都要调用一次 OB1。CPU 启动完毕，操作系统就会调用 OB1，并且循环执行 OB1 的程序，而其他功能（功能、系统功能）和功能块（功能块、系统功能块）只能通过 OB1 的调用才能被执行。

实际上，用户编写的全部程序都可以存放在 OB1 中，让它连续不断地循环执行（即线性程序），也可以把程序放到不同的程序块中（功能、功能块），在 OB1 需要的时候调用这些块即可（分部程序和结构化程序）。也就是说，OB1 是用户程序中唯一不可或缺的程序模块。

注：除循环主程序 OB1 外，其他组织块均是由事件触发的中断。

2. 功能块和功能

功能块和功能是用户自己编写的程序模块，相当于"子程序"。功能块和功能的主要区别：功能块自带记忆功能，即拥有自己的存储区（背景数据块），数据存储在功能块带有的背景数据块中，通过背景数据块传递参数，故调用功能块时，必须指定一个背景数据块；而功能不带记忆功能，即没有自己的存储区（背景数据块），因此在调用功能时，必须为它内部的形式参数指定实际参数。

3. 系统功能块和系统功能

系统功能块和系统功能属于系统块，集成在 CPU 的操作系统中，是预先编写好程序的功能块和功能。用户可以直接调用，但不能打开或修改。

4. 数据块

数据块是用户定义的用于存储数据的存储区，可用来存储用户程序中逻辑块的变量数据，可以被打开或关闭。数据块分为共享数据块和背景数据块。

共享数据块和背景数据块之间的主要区别：共享数据块用于存储全局数据，所有逻辑块(组织块、功能块、功能)都可以访问共享数据块内存储的信息，用户只能自己编辑全局数据，并在数据块中声明必需的变量以存储数据；而背景数据块用作私有存储区，即用作功能块(FB、SFB)的存储器，功能块的参数和静态变量安排在它的背景数据块中，背景数据块不是由用户编辑的，而是由编辑器自动生成的。

5.1.3 用户程序结构

由用户编写的程序被称为用户程序，用户程序的结构形式一般有以下 3 种：线性程序、分部式程序、结构化程序。用户程序的 3 种结构形式如图 5.1 所示。

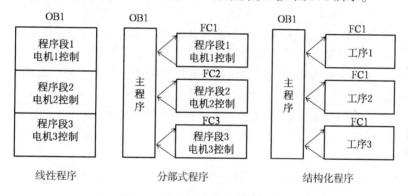

图 5.1 用户程序的 3 种结构形式

1. 线性程序

所谓线性程序，就是将整个用户程序连续放置在一个循环程序块 OB1 中，块中的程序按顺序执行，CPU 通过反复执行 OB1 来实现自动化控制任务。

线性程序结构简单，但 CPU 利用效率低，一般适用于相对简单的程序编写。事实上，所有的程序都可以用线性结构实现。

2. 分部式程序

所谓分部式程序，就是将整个程序按任务分成若干个部分，并分别放置在不同的功能和功能块中，并在 OB1 中调用。分部式程序的实质就是划分为块的线性化编程。

分部式编程特点是比较适用几个人同时对一个项目进行编程，效率比线性程序有所提高，程序测试也较方便，对程序员的要求也不太高。对不太复杂的控制程序，可考虑采用这种程序结构。

图 5.2 所示为两台电机启停控制分部式程序的梯形图程序示例。

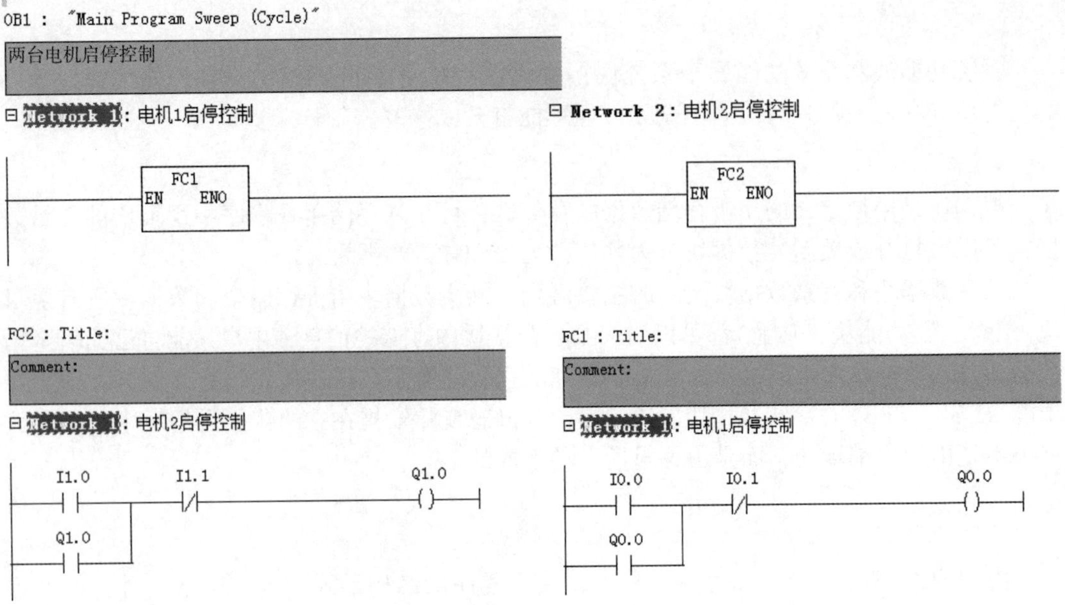

OB1 : "Main Program Sweep (Cycle)"
两台电机启停控制
Network 1: 电机1启停控制
FC1
EN ENO
Network 2: 电机2启停控制
FC2
EN ENO
FC2 : Title:
Comment:
Network 1: 电机2启停控制
I1.0
I1.1
Q1.0
Q1.0
FC1 : Title:
Comment:
Network 1: 电机1启停控制
I0.0
I0.1
Q0.0
Q0.0

图 5.2　两台电机启停控制分部式程序的梯形图程序示例

3. 结构化程序

所谓结构化程序，就是为了使复杂的自动化任务更易于控制，而把过程要求类似或相关的功能进行分类，分解为可用于几个任务的通用解决方案的小任务，这些小任务以相应的程序块(功能或功能块)表示，每个块(功能或功能块)在 OB1 中可能会被多次调用，每次使用不同的地址，以完成具有相同工艺要求的不同控制过程。

结构化程序的特点是可简化程序设计过程、缩短代码长度、提高编程效率，适用于较复杂自动化控制任务的设计。

图 5.3 所示为两台电机启停控制结构化程序的梯形图程序示例。

用户编写的程序块必须在 OB1 中调用才能执行。调用的程序块类型可以是组织块、功能块或功能，被调用的程序块类型可以是功能块、功能、系统功能块或系统功能。

注：组织块不能被调用。

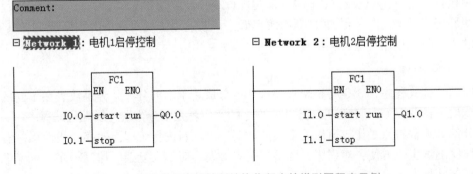

OB1 : "Main Program Sweep (Cycle)"
Comment:
Network 1: 电机1启停控制
FC1
EN ENO
I0.0 start run Q0.0
I0.1 stop
Network 2: 电机2启停控制
FC1
EN ENO
I1.0 start run Q1.0
I1.1 stop

图 5.3　两台电机启停控制结构化程序的梯形图程序示例

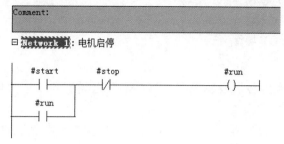

图 5.3　两台电机启停控制结构化程序的梯形图程序示例(续)

5.1.4　数据块中的数据存储

数据块定义在 S7-300PLC CPU 模块的存储器中，用户可在存储器中建立一个或多个数据块，用来存储用户程序中逻辑块的变量数据。

注：不同的 CPU 模块允许建立数据块的数量及每个数据块所占用的字节数是不同的。

数据块是用户定义的用于存储数据的存储区，可用来存储用户程序中逻辑块的变量数据。数据可定义为全局变量和局部变量。全局变量是在符号表或共享数据块中声明的数据。局部变量是在组织块、功能和功能块的变量声明表中声明的数据。用户程序可以按位、字节、字或双字操作访问数据块中的数据，可以使用符号地址或绝对地址。

数据块可以分为共享数据块和背景数据块两大类。共享数据块又称全局数据块，用于存储全局数据，用户程序中所有逻辑块(组织块、功能、功能块)都可以使用共享数据块和全局符号表中的数据。在共享数据块或全局符号表中声明的变量都是全局变量。

背景数据块用作私有存储器，即专门指定给功能块和系统功能块使用的数据块，是功能块和系统功能块运行时的工作存储区。背景数据块不是由用户编辑的，而是由编辑器生成的。

5.1.5　数据块的数据类型

在 STEP 7 中，数据块的数据类型可以采用基本数据类型、复杂数据类型或用户定义数据类型(UDT)。

1. 基本数据类型

根据 IEC 1131-3 定义，基本数据类型长度不超过 32 位，可利用 STEP 7 基本指令处理，能完全装入 S7 处理器的累加器中。基本数据类型包括以下几种。

(1)位数据类型：BOOL、BYTE、WORD、DWORD、CHAR。

(2)数字数据类型：INT、DINT、REAL。

(3)定时器类型：S5TIME、TIME、DATE、TIME_OF_DAY。

2. 复杂数据类型

复杂数据类型只能结合共享数据块的变量声明使用，一般利用库中的标准块("IEC" S7 程序)处理复杂数据类型。复杂数据类型包括以下几种。

(1)时间(DATE_AND_TIME)类型。

（2）矩阵（ARRAY）类型。

（3）结构（STRUCT）类型。

（4）字符串（STRING）类型。

3. 用户定义数据类型

STEP 7 允许用户利用数据块编辑器，将基本数据类型和复杂数据类型组合成长度大于 32 位的用户定义数据类型。

注：用户定义数据类型不能存储在 PLC 中，只能存放在硬盘上的 UDT 块中。

5.1.6 建立数据块

在 STEP 7 中，为了避免出现系统错误，在使用数据块之前，应当先创建数据块，并在块中定义变量（包括变量符号名、数据类型以及初始值等）。数据块创建完后，还必须与程序块一起下载到 CPU 中，才能被程序块访问。

创建数据块有以下两种方法。

（1）用 SIMATIC Manager 创建数据块。

（2）用语句表、梯形图、功能块图 S7 程序编辑器创建数据块。

5.1.7 访问数据块

在用户程序中可能存在多个数据块，而每个数据块的数据结构并不完全相同，因此在访问数据块时，必须指明数据块的编号、数据类型与位置。如果访问不存在的数据单元或数据块，而且没有编写错误处理组织块，CPU 将进入 STOP 模式。

访问数据块可以采用以下两种方法。

（1）传统访问方式，即先打开后访问。传统访问方式用指令 OPEN DB... 打开数据块。

（2）完全表示的直接访问方式。所谓直接访问，就是在指令中同时给出数据块的编号和数据在数据块中的地址。可以用绝对地址，也可以用符号地址直接访问数据块。

5.1.8 逻辑块的结构及编程

功能、功能块和组织块统称为逻辑块或程序块。

功能块有一个背景数据块，背景数据块依附于功能块。在调用功能块时，若没有提供实参，则功能块使用背景数据块中的数值。

功能没有背景数据块，功能调用结束后，数据不能保持。

组织块是由操作系统直接调用的逻辑块，用户不能参与。因此，组织块只有临时变量。

调用功能块可以通过背景数据块传递参数，调用功能必须通过实参和形参互传参数。

1. 逻辑块的结构

逻辑块（组织块、功能块、功能）由变量声明表、代码段及其属性等几部分组成。每个逻辑块前部都有一个变量声明表，称为局部变量声明表（局部数据）。局部数据分为参数和局部变量两大类，局部变量又包括静态变量（功能没有静态变量）和临时变量（组织块只有临时变量）两种。

局部变量声明类型如表5.2所示。

表5.2 局部变量声明类型

变量名	类型	说明
输入参数	IN	由调用逻辑块的块提供数据，输入给逻辑块的指令
输出参数	OUT	向调用逻辑块的块返回参数，从逻辑块输出结果数据
I/O参数	IN_OUT	参数的值由调用该块的其他块提供，由逻辑块处理修改并返回
静态变量	START	静态变量存储在背景数据块中，块调用结束后其内容被保留
临时变量	TEMP	临时变量存储在本地数据寄存器 L 中，块执行结束后其内容丢失

(1)变量声明：分别定义形参、静态变量和临时变量；确定各变量的声明类型(Decl.)、变量名(Name)和数据类型(Data Type)，设置初始值(Initial Value)(功能没有背景数据块，故不能给功能的局部变量分配初值)，若需要还可为变量添加注释(Comment)。

(2)代码段：对将要由 PLC 进行处理的代码块进行编程。

(3)块属性：块属性中包含了其他附加的信息，例如由系统输入的时间标志或路径，此外，也可输入相关详细资料。

2. 功能

功能是用户自己编写的子程序。功能是不带"内存"的逻辑块，必须给它指定实际参数。功能里有一个局部变量表和块参数。

STEP 7 中功能的局部变量表如图5.4所示。

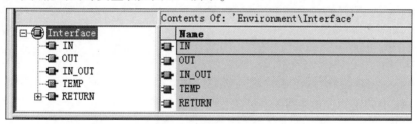

图5.4 STEP 7 中功能的局部变量表

功能的局部变量表中各变量的说明如下。

(1)IN(输入变量)：由调用它的块提供的输入参数。

(2)OUT(输出变量)：返回给调用它的块的输出参数。

(3)IN_OUT：初值由调用它的块提供，被子程序修改后返回给调用它的块。

(4)TEMP (临时变量)：暂时保存在局部数据区中的变量。

3. 功能的应用

例5-1：用功能实现电机启停控制设计。

解析：本例将采用无参功能调用和有参功能调用两种不同方式进行说明。

(1)编辑并调用无参功能程序示例(分部式程序结构)。

所谓无参功能，是指编辑功能时，没有在局部变量声明表内定义形式参数，在功能中直接使用实际地址完成控制程序的编程，这种方式也被称为绝对调用。该方式一般应用于分部式程序的编写。编辑并调用无参功能的步骤如下。

①创建功能块。在 STEP 7 中创建 FC1, 如图 5.5 所示。

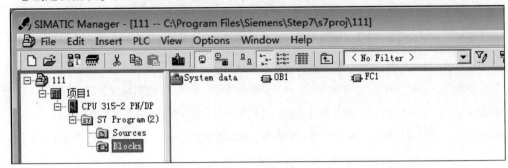

图 5.5　在 STEP 7 中创建 FC1

②在 FC1 中编写程序。在 FC1 中编写的电机启停梯形图程序如图 5.6 所示。

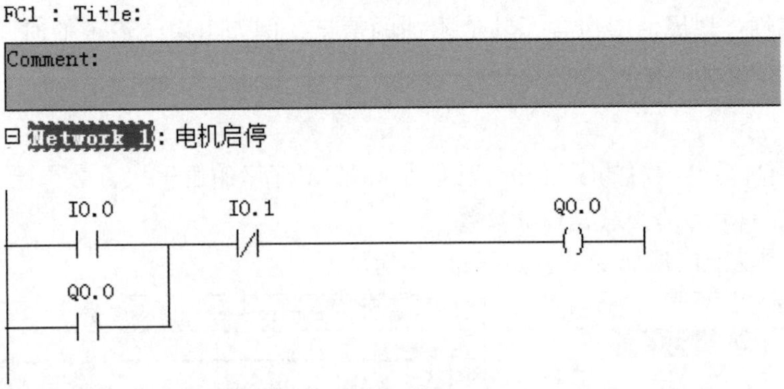

FC1 : Title:

Comment:

☐ Network 1: 电机启停

```
    I0.0          I0.1                    Q0.0
 ┤├──────────┤/├──────────────────────( )─┤

    Q0.0
 ┤├─
```

图 5.6　在 FC1 中编写的电机启停梯形图程序

③在 OB1 中调用 FC1, 如图 5.7 所示。

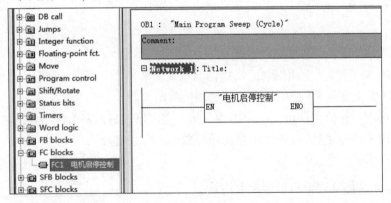

图 5.7　在 OB1 中调用 FC1

在 OB1 中调用无参功能 FC1 的仿真运行结果如图 5.8 所示。

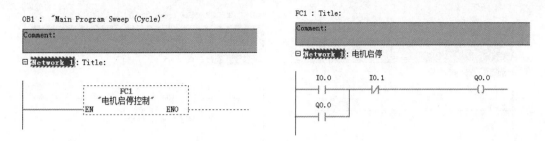

图 5.8 在 OB1 中调用无参功能 FC1 的仿真运行结果

（2）编辑并调用有参功能程序示例（结构化程序结构）。

所谓有参功能，是指编辑功能时，在局部变量声明表内定义了形式参数，在功能中使用了虚拟的符号地址（形式参数变量）完成控制程序的编程，以便在其他块中能重复调用有参功能。这种方式一般应用于结构化程序的编写。

编辑并调用有参功能的步骤如下

①创建功能块。在 STEP 7 中创建有参 FC1 的方法和创建无参 FC1 的方法相同，如图 5.5 所示。

②在 FC1 变量声明表中定义变量。在 FC1 变量声明表中定义变量，如图 5.9 所示。

③在 FC1 中编写程序。在 FC1 中编写的电机启停梯形图程序，如图 5.10 所示。

④在 OB1 中调用 FC1，如图 5.11 所示。

注：在梯形图程序中出现的变量，若是加前缀#的，表示的是局部变量表中声明的变量；若是用双引号""引上的，表示的是符号表中定义的符号地址。例如，图 5.7 所示的梯形图程序中的"电机启停控制"变量是在符号表中定义的符号地址；而图 5.10 所示梯形图程序中的#start、#stop、#run 变量是在局部变量表中声明的变量。

形式参数和实际参数的说明示例如图 5.12 所示。

在 FC1 方框内的 start、stop、run 是变量声明表中定义的 IN、OUT 参数，称为形式参数，简称形参。

在 FC1 方框外的绝对地址（I0.0、I0.1、Q0.0）或符号地址（"启动""停止""运行"）是形参对应的实际参数，简称实参。图 5.12 左侧的调用形式被称为绝对地址调用，右侧的调用形式被称为符号地址调用。

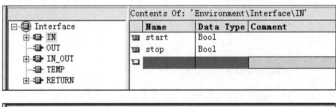

图 5.9 在 FC1 变量声明表中定义变量

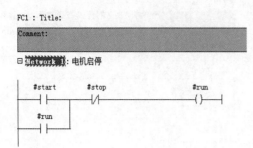

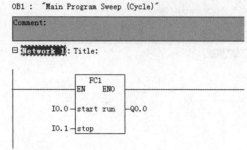

图 5.10　在 FC1 中编写的电机启停梯形图程序　　图 5.11　在 OB1 中调用 FC1

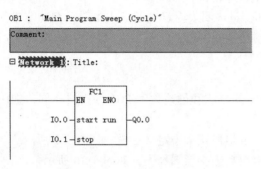

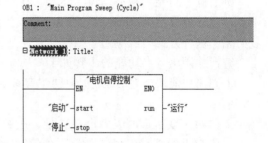

图 5.12　形式参数和实际参数的说明示例

4. 无参功能调用和有参功能调用应用

例 5-2: 设计两台电机启停控制程序,分别采用无参功能调用和有参功能调用两种方法实现其控制功能。

解析:两种方法的说明如下。

(1)无参功能调用示例(分部式编程)。

编辑并调用无参功能程序示例如图 5.13 所示。

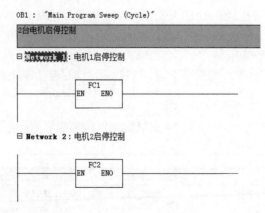

图 5.13　编辑并调用无参功能程序示例

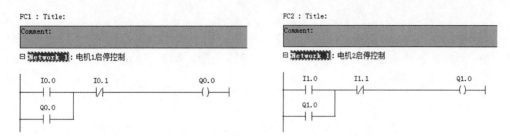

图 5.13　编辑并调用无参功能程序示例(续)

(2)有参功能调用示例(结构化编程)。

编辑并调用有参功能程序示例如图 5.14 所示。

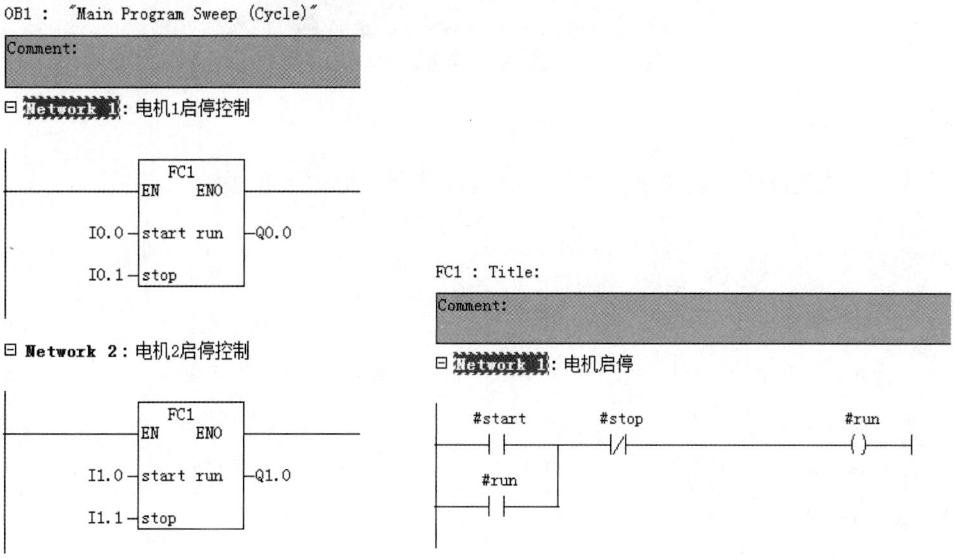

图 5.14　编辑并调用有参功能程序示例

5. 功能块的应用

功能块和功能的用法大致相同，区别在于功能块需要背景数据块。在 STEP 7 中创建功能块 FB1 后，会自带一个背景数据块 DB1，调用功能块示例如图 5.15 所示。

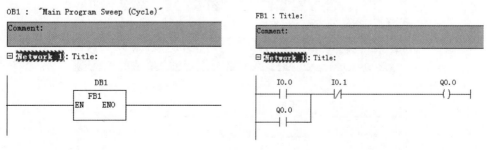

图 5.15　调用功能块示例

PLC技术及应用题解与案例分析

6. 系统功能块和系统功能

系统功能块和系统功能是集成在 STEP 7 中的，用于完成特定的功能。STEP 7 中有丰富的功能块和系统功能供用户在编程时调用。系统功能块和系统功能用法大致相同，但系统功能块需要系统背景数据块。

7. 工程应用实例

例 5-3：编写程序完成电机手动/自动模式控制，控制工艺示意图如图 5.16 所示。要求能够实现手动/自动控制，生产线能进行正反转。

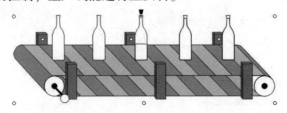

图 5.16　控制工艺示意图

解析：根据题目的控制要求，列出 I/O 地址分配，如表 5.3 所示。

表 5.3　I/O 地址分配

输入		输出	
Start：系统启动	I0.0	PowerOn：系统上电显示	Q0.0
Stop：系统停止	I0.1	Manual：手动模式显示	Q0.1
MoveForward：点动向前	I0.2	Auto：自动模式显示	Q0.2
MoveBackward：点动向后	I0.3	Forward：电机前转	Q0.3
ManualAuto：手动/自动选择	I0.4	Backward：电机后转	Q0.4
Enter：系统模式确定	I0.5	—	—

PLC 的程序结构有 3 种，本例采用分部式程序结构实现，在 OB1 组织块中调用功能。OB1 主程序组织块梯形图程序示例如图 5.17 所示，功能中的梯形图程序示例如图 5.18 所示。

```
OB1 :  "Main Program Sweep (Cycle)"

Comment:


Network 1: Title:

Comment:



          FC1
          EN   ENO
```

图 5.17　OB1 主程序组织块梯形图程序示例

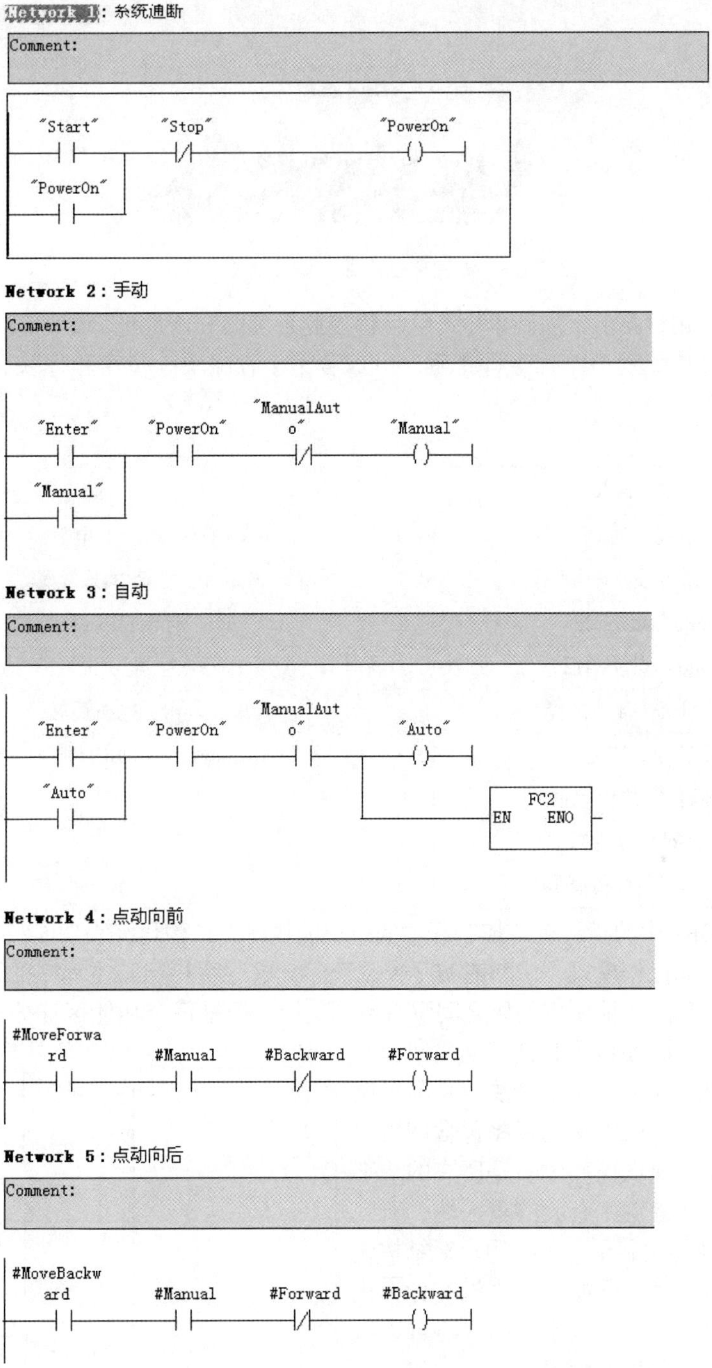

Network 1：系统通断

Comment:

```
  "Start"        "Stop"              "PowerOn"
───┤ ├──────────┤/├──────────────────( )───
  "PowerOn"
───┤ ├──
```

Network 2：手动

Comment:

```
  "Enter"       "PowerOn"    "ManualAut     "Manual"
───┤ ├──────────┤ ├──────────o ───┤/├───────( )───
  "Manual"
───┤ ├──
```

Network 3：自动

Comment:

```
  "Enter"       "PowerOn"    "ManualAut      "Auto"
───┤ ├──────────┤ ├──────────o ───┤ ├─────────( )───
  "Auto"                                   ┌─────────┐
───┤ ├──                                   │   FC2   │
                                        ───┤EN   ENO├──
                                           └─────────┘
```

Network 4：点动向前

Comment:

```
 #MoveForwa
    rd        #Manual     #Backward     #Forward
───┤ ├────────┤ ├─────────┤/├────────────( )───
```

Network 5：点动向后

Comment:

```
 #MoveBackw
    ard       #Manual     #Forward      #Backward
───┤ ├────────┤ ├─────────┤/├────────────( )───
```

图 5.18　功能中的梯形图程序示例

例 5-4：编写程序完成灌装单生产线传输控制系统设计，灌装单生产线传输控制工艺示意图如图 5.19 所示。要求能够实现手动/自动控制；灌装时间 3 s，自动计数；生产线能正反转。

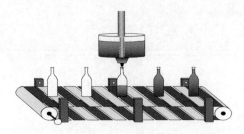

图 5.19　灌装单生产线传输控制工艺示意图

解析：根据题目要求，灌装单生产线传输控制系统的 I/O 地址分配如表 5.4 所示。

本例采用结构化程序结构，即把程序分成若干个程序块，每个程序块含有一些设备和任务的逻辑指令。

表 5.4　I/O 地址分配

输入		输出	
Start：系统启动	I0.0	PowerOn：系统上电显示	Q0.0
Stop：系统停止	I0.1	Manual：手动模式显示	Q0.1
MoveForward：点动向前	I0.2	Auto：自动模式显示	Q0.2
MoveBackward：点动向后	I0.3	Forward：电机前转	Q0.3
ManualAuto：手动/自动选择	I0.4	Backward：电机后转	Q0.4
Enter：系统模式确定	I0.5	Display：满瓶 BCD 显示	QW6
SensorNoneBot：空位传感器	I1.0	—	—
SensorFillBot：灌装位传感器	I1.1	—	—
SensorFullBot：满瓶位传感器	I1.2	—	—

在组织块 OB1 中的指令决定控制程序的模块的执行。结构化编程功能和功能块控制着不同的过程任务，如操作模式、诊断或实际控制程序，这些块相当于主程序的子程序。在结构化编程中，在主程序和被调用的块之间没有数据交换，但是每个功能区被分成不同的块，这样就易于几个人同时编程，而且相互之间没有冲突。另外，把程序分成若干小块，将易于调试程序和查找故障。OB1 中的程序包含调用不同块的指令。由于每次循环中不是所有的块都执行，只有需要时才调用有关的程序块，所以 CPU 将更有效地得到利用。一些用户对结构化编程不熟悉，此技术一开始看起来没有什么优点，但是一旦理解了这个技术，用户将可以编写更有效和更易于开发的程序。

结构化程序结构示意图如图 5.20 所示。

本例采用结构化程序结构，主程序组织块 OB1 梯形图程序示例如图 5.21 所示，功能 FC1 梯形图程序示例如图 5.22 所示，功能 FC2 梯形图程序示例如图 5.23 所示。

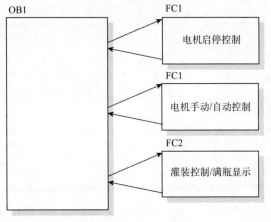

图 5.20　结构化程序结构示意图

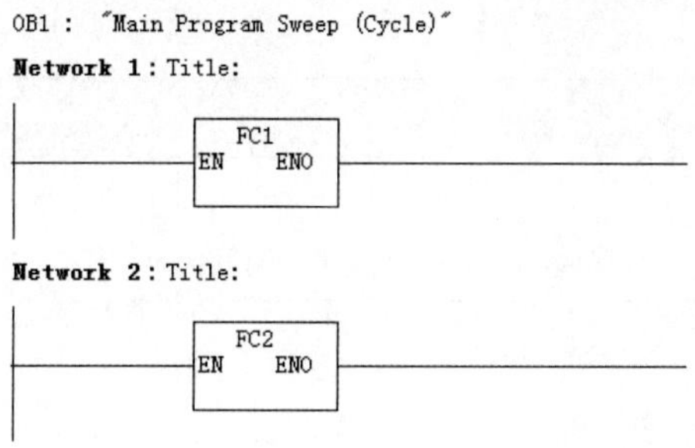

OB1 : "Main Program Sweep (Cycle)"

Network 1 : Title :

```
              ┌─────────┐
              │   FC1   │
         ─────┤EN    ENO├─────────────────
              └─────────┘
```

Network 2 : Title :

```
              ┌─────────┐
              │   FC2   │
         ─────┤EN    ENO├─────────────────
              └─────────┘
```

图 5.21　主程序组织块 OB1 梯形图程序示例

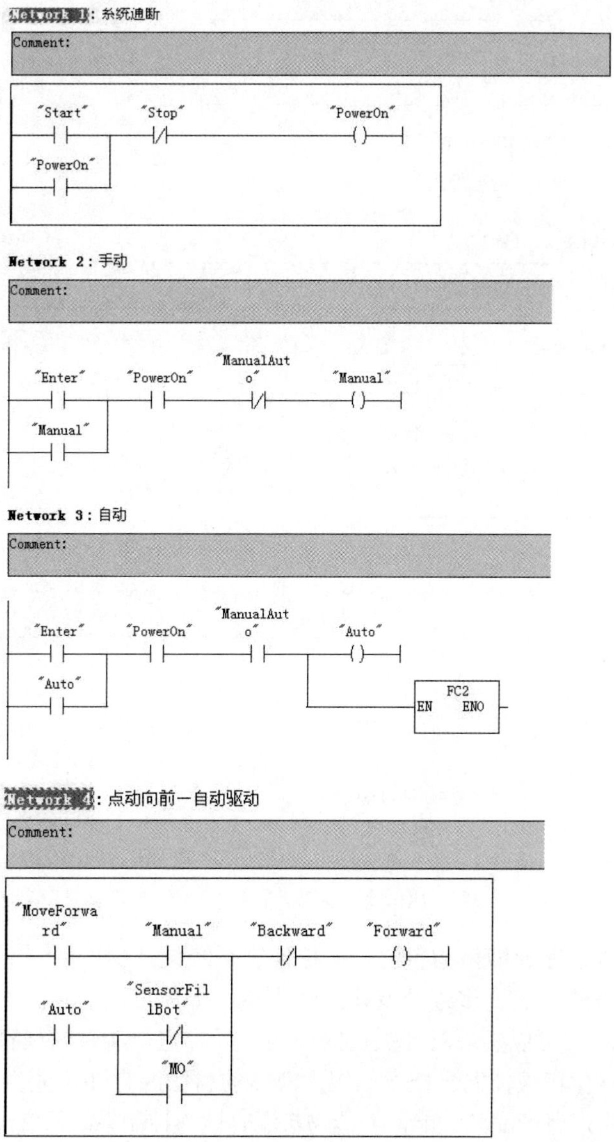

Network 1 : 系统通断

Comment :

```
    "Start"        "Stop"                    "PowerOn"
  ───┤├─────────────┤/├──────────────────────( )───
   "PowerOn"
  ───┤├──┘
```

Network 2 : 手动

Comment :

```
                            "ManualAut
    "Enter"     "PowerOn"       o"          "Manual"
  ───┤├──────────┤├───────────┤/├────────────( )───
   "Manual"
  ───┤├──┘
```

Network 3 : 自动

Comment :

```
                            "ManualAut
    "Enter"     "PowerOn"       o"          "Auto"
  ───┤├──────────┤├───────────┤├─────────────( )───
   "Auto"
  ───┤├──┘                              ┌─────────┐
                                        │   FC2   │
                                     ───┤EN    ENO├──
                                        └─────────┘
```

Network 4 : 点动向前－自动驱动

Comment :

```
  "MoveForwa
     rd"        "Manual"    "Backward"   "Forward"
  ───┤├──────────┤├──────────┤/├──────────( )───
                "SensorFil
    "Auto"        lBot"
  ───┤├──────────┤/├──┐
                 "M0"
                ───┤├──┘
```

图 5.22　功能 FC1 梯形图程序示例

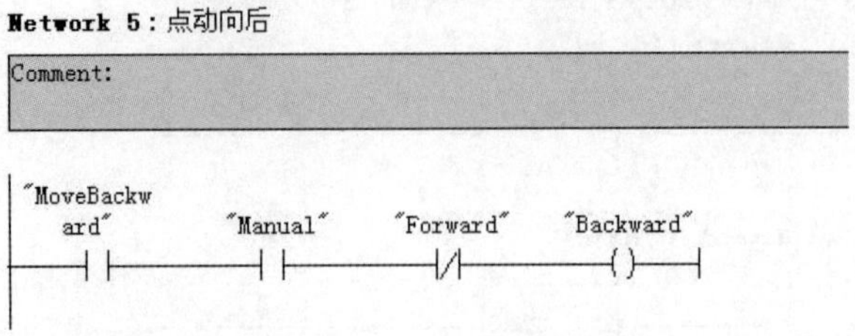

PLC技术及应用题解与案例分析

Network 5：点动向后

Comment:

```
"MoveBackw
  ard"        "Manual"     "Forward"    "Backward"
───┤├─────────┤├──────────┤├──────────┤/├──────────( )───
```

图 5.22　功能 FC1 梯形图程序示例(续)

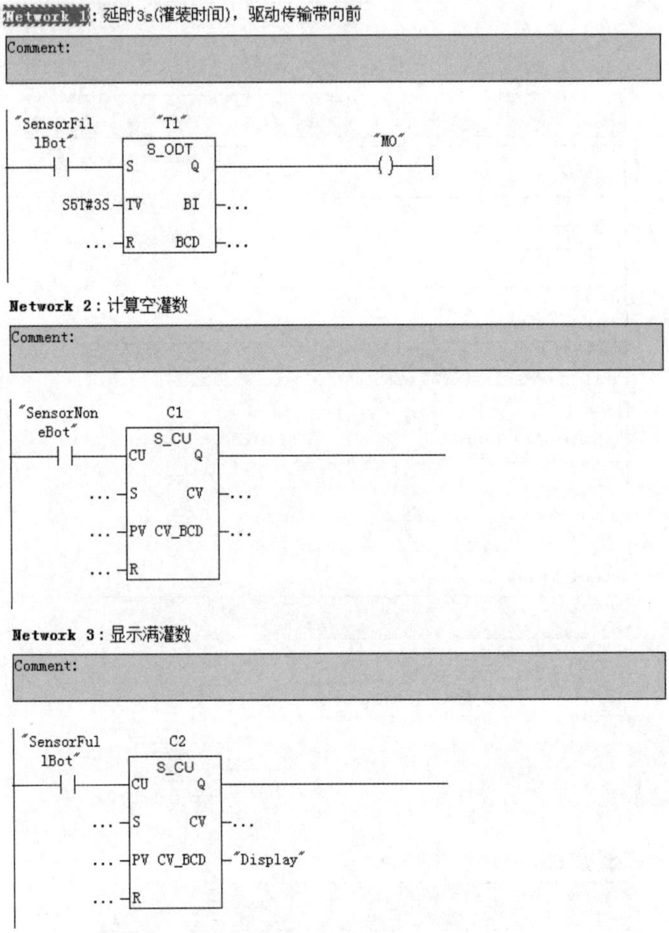

Network 1：延时3s(灌装时间)，驱动传输带向前

Comment:

```
"SensorFil      "T1"
  lBot"        ┌──────┐                    "M0"
───┤├──────────┤S_ODT │                   ─( )─
               │S    Q├────────────────────
   S5T#3S──────┤TV  BI├─...
        ...────┤R  BCD├─...
               └──────┘
```

Network 2：计算空灌数

Comment:

```
"SensorNon      C1
  eBot"        ┌──────┐
───┤├──────────┤S_CU  │
               │CU   Q├
        ...────┤S   CV├─...
        ...────┤PV CV_BCD├─...
        ...────┤R     │
               └──────┘
```

Network 3：显示满灌数

Comment:

```
"SensorFul      C2
  lBot"        ┌──────┐
───┤├──────────┤S_CU  │
               │CU   Q├────────────────
        ...────┤S   CV├─...
        ...────┤PV CV_BCD├─"Display"
        ...────┤R     │
               └──────┘
```

图 5.23　功能 FC2 梯形图程序示例

例5-5：编写程序完成液体物料混合搅拌控制系统设计(使用模拟量)。

在工业生产过程中，有许多连续变化的物理量，如温度、流量、液位、压力和速度等都是模拟量。PLC 不仅可以实现对开关量的控制，同样也能实现对模拟量的控制。

该系统涉及工业生产液体混合技术领域，液体物料的混合在工业生产过程中极为常见，物料间的混合效果决定着产品的性能。液体物料混合搅拌控制系统示意图如图 5.24 所示。

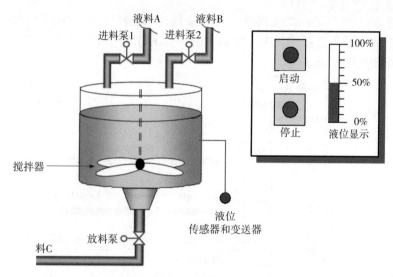

图 5.24 液体物料混合搅拌控制系统示意图

由图可知，液体物料混合搅拌控制系统由一个模拟量液位传感器和变送器来检测液位的高低，并进行液位显示。现要对 A、B 两种液体原料按等比例混合，控制要求如下。

按启动按钮后系统自动运行。首先打开进料泵 1，开始加入液料 A；当液位达到 50%后，则关闭进料泵 1，打开进料泵 2，开始加入液料 B；当液位达到 100%后，则关闭进料泵 2，启动搅拌器；搅拌 10 s 后，关闭搅拌器，开启放料泵；当液料放空后，延时 5 s 后关闭放料泵。按停止按钮，系统应立即停止运行。

解析：首先，在 STEP 7 中创建符号表，如图 5.25 所示。

Symbol Table Edit Insert View Options Window Help

All Symbols

	Stat	Symbol	Address		Data type		Comment
1		进料控制	FB	1	FB	1	液料A和液料B进料控制，进料结束启动搅拌器
2		搅拌控制	FC	1	FC	1	搅拌料延时关闭，并启动放料泵
3		放料控制	FC	2	FC	2	比较最低液位，控制延时放空并复位放料泵
4		启动	I	0.0	BOOL		启动按钮，常开（带自锁）
5		停止	I	0.1	BOOL		停止按钮，常开
6		原始标志	M	0.0	BOOL		表示进料泵、放料泵及搅拌器均处于停机状态
7		最低液位标志	M	0.1	BOOL		表示液料即将放空
8		Cycle Execution	OB	1	OB	1	线性结构的搅拌器控制程序
9		BS	PIW	256	WORD		液位传感器－变送器，送出模拟量液位信号
10		DISP	PQW	256	WORD		液位指针式显示器，接收模拟量液位信号
11		进料泵1	Q	4.0	BOOL		“1”有效
12		进料泵2	Q	4.1	BOOL		“1”有效
13		搅拌器M	Q	4.2	BOOL		“1”有效
14		放料泵	Q	4.3	BOOL		“1”有效
15		搅拌定时器	T	1	TIMER		SD定时器，搅拌10秒
16		排空定时器	T	2	TIMER		SD定时器，延时5秒
17							

图 5.25 在 STEP 7 中创建的符号表

依题意，本题采用分部式程序结构设计控制程序，在 OB1 中调用功能和功能块。OB1 为主程序组织块；OB100 为启动组织块；FC1 实现搅拌控制；FC2 实现放料控制；FB1 通过调用 DB1 和 DB2 实现液料 A 和液料 B 的进料控制；DB1 和 DB2 为液料 A 和液料 B 进料控制的背景数据块，在调用 FB1 时，为 FB1 提供实际参数，并保存过程结果。程序结构示意图如图 5.26 所示。

启动
OB100
正常循环
OB1
FB1
背景 DB1
FB1
背景 DB2
FC1
FC2

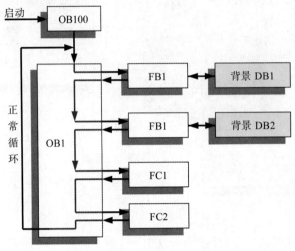

图 5.26　程序结构示意图

创建无参功能 FC1 和 FC2，FC1 的梯形图程序示例如图 5.27 所示，FC2 的梯形图程序示例如图 5.28 所示。

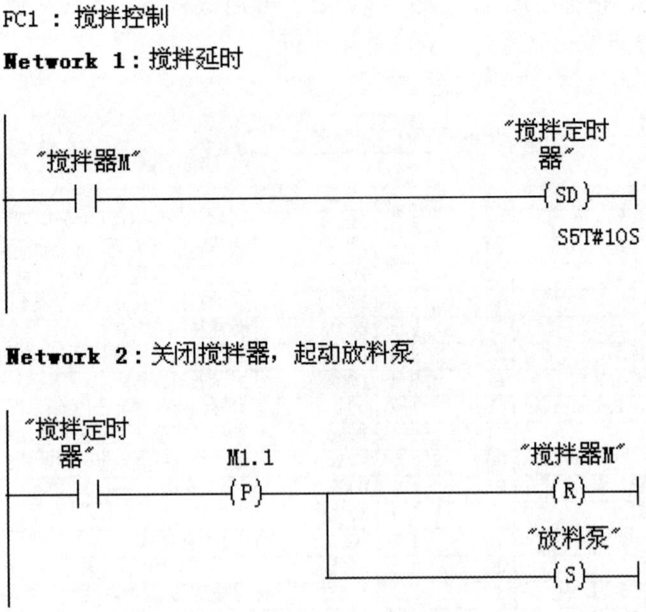

FC1 : 搅拌控制
Network 1：搅拌延时
"搅拌器M"
"搅拌定时器"
SD
S5T#10S
Network 2：关闭搅拌器，起动放料泵
"搅拌定时器"
M1.1
P
"搅拌器M"
R
"放料泵"
S

图 5.27　FC1 的梯形图程序示例

FC2：放料控制

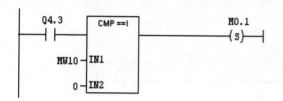

Network 3：关闭放料泵，清除最低液位标志

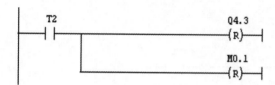

图 5.28　FC2 的梯形图程序示例

在 STEP 7 中定义 FB1 的局部变量声明，如表 5.5 所示。

表 5.5　定义 FB1 的局部变量声明

接口类型	变量名	数据类型	地址	初始值	扩展地址	结束地址	注释
IN	A_IN	INT	0.0	0	—	—	模拟量输入数据
	A_C	INT	2.0	0	—	—	液位比较值
IN_OUT	Device1	BOOL	4.0	FALSE	—	—	设备 1
	Device2	BOOL	4.1	FALSE	—	—	设备 2

功能块 FB1 的梯形图程序示例如图 5.29 所示。

FB1：进料控制

Network 1：满足条件，则复位设备1，启动设备2

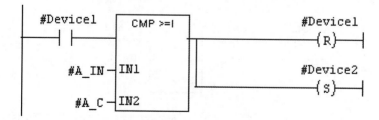

图 5.29　功能块 FB1 的梯形图程序示例

在 STEP 7 中，建立背景数据块情况如图 5.30 所示。

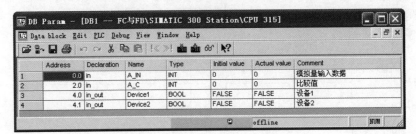

图 5.30　建立背景数据块情况

启动组织块 OB100 中的梯形图程序示例如图 5.31 所示。

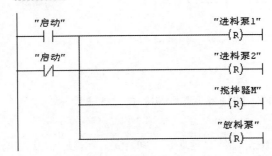

图 5.31　启动组织块 OB100 中的梯形图程序示例

主程序 OB1 中的梯形图程序示例如图 5.32 所示。

OB1 :　"搅拌器结构化控制程序-主循环组织块"

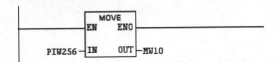
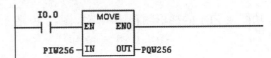

Network 3: 设置原始标志

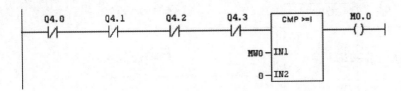

Network 4:启动进料泵1　　　　Network 5: 打开功能块FB1的背景数据块DB1

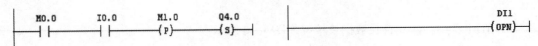

图 5.32　主程序 OB1 中的梯形图程序示例

Network 6：调用功能块FB1

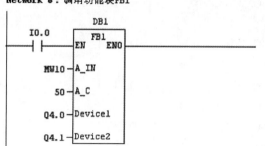

Network 7：打开功能块FB1的背景数据块DB2

```
                                                         DI2
├─────────────────────────────────────────────────────( OPN )─┤
```

Network 8：调用功能块FB1

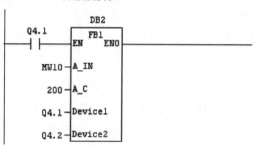

Network 9：调用功能FC1和FC2

```
        FC1
  I0.0 ┌────────┐
├──┤├──┤EN   ENO├──────────┤
     │ └────────┘
     │    FC2
     │ ┌────────┐
     └─┤EN   ENO├─
        └────────┘
```

Network 10：复位

```
  I0.0                        Q4.0
├──┤/├──────────────┬────────( R )──┤
                    │
  I0.1   M1.7       │         Q4.1
├──┤├────( P )──────┤        ( R )──┤
                    │
                    │         Q4.2
                    ├────────( R )──┤
                    │
                    │         Q4.3
                    └────────( R )──┤
```

图 5.32 主程序 OB1 中的梯形图程序示例(续)

5.2 同步练习

1. 选择题

(1)用户程序提供一些通用的指令块，以便控制一类或相同的部件，通用指令块提供的参数说明各部件的控制差异，这种编程方法被称为(　　)。

A. 线性编程　　　B. 分部式编程　　　C. 模块化编程　　　D. 结构化编程

(2)用户程序的入口是(　　)。

A. OB1　　　　　B. DB1　　　　　C. FB1　　　　　D. FC1

(3)在 STEP 7 中，初始化组织块是(　　)。

A. OB1　　　　　B. OB10　　　　　C. OB35　　　　　D. OB100

(4)如果没有中断，CPU循环执行(　　　)。

A. OB1　　　　　B. DB1　　　　　C. FB1　　　　　D. FC1

(5)生成程序时，自动生成的块是(　　　)。

A. OB1　　　　　B. DB1　　　　　C. FB1　　　　　D. FC1

(6)调用(　　　)时，需要指定其背景数据块。

A. SFC1　　　　B. SFB1　　　　C. FB1　　　　　D. FC1

(7)在STEP 7中，循环中断组织块是(　　　)。

A. OB1　　　　　B. OB10　　　　　C. OB35　　　　　D. OB100

2. 简答题

(1)STEP 7中有哪些逻辑块？

(2)功能和功能块有什么区别？

(3)共享数据块和背景数据块有什么区别？

(4)在变量声明表内，所声明的静态变量和临时变量有何区别？

(5)组织块可否调用其他组织块？

3. 编程题

液体物料搅拌控制系统示意图如图5.33所示。该控制系统由3个检测液位的高、中、低液位传感器(开关量)组成，要求对两种液体原料A和B等比例进行混合。按启动按钮后，系统自动运行。首先打开进料泵1，开始加入液料A；中液位传感器动作后，则关闭进料泵1，打开进料泵2，开始加入液料B；高液位传感器动作后，关闭进料泵2，启动搅拌器；搅拌12s后，关闭搅拌器，开启放料泵；当低液位传感器动作后，延时8 s后，关闭放料泵。当按下停止按钮时，系统停止运行。依题意，采用分部式程序结构设计控制程序。

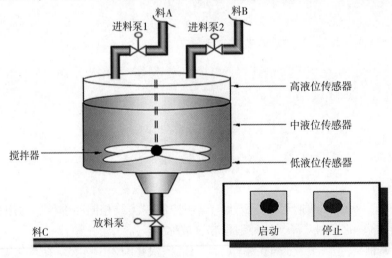

图5.33　液体物料搅拌控制系统示意图

5.3 答案解析

1. 选择题

(1)D, (2)A, (3)D, (4)A, (5)B, (6)C, (7)C。

2. 简答题

(1)STEP7中的逻辑块有组织块、功能块、功能、系统功能块和系统功能。

(2)功能块和功能都是由用户自己编程的块，它们的主要区别是：功能块拥有自己的存储区即背景数据块，数据存储在背景数据块中，通过背景数据块传递参数，故调用功能块时必须指定一个背景数据块；而功能没有自己的存储区(背景数据块)，因此在调用功能时必须为它内部的形式参数指定实际参数。

(3)共享数据块又称全局数据块，用于存储全局数据，所有逻辑块(组织块、功能、功能块)都可以访问共享数据块存储的信息。

背景数据块用作私有存储区，即用作功能块的"存储器"。功能块的参数和静态变量安排在它的背景数据块中。背景数据块不是由用户编辑的，而是由编辑器自动生成的。

(4)静态变量和临时变量同属于局部变量。静态变量存储在背景数据块中，块调用结束后，其内容被保留；临时变量存储在L堆栈中，执行结束后，变量的值将丢失(因被其他内容所覆盖)。

(5)组织块由PLC的操作系统自行调用，无须用户干预，用户仅可以在组织块中调用其他的功能和功能块，但不可以调用组织块。

3. 编程题

本题采用分部式程序设计，编辑并调用无参功能。

根据题目控制要求，搅拌控制系统的I/O地址分配如表5.6所示，程序结构示意框图如图5.34所示。

表5.6 I/O地址分配

输入		输出	
启动按钮	I0.0	进料泵1	Q0.0
中液位检测	I0.1	进料泵2	Q0.1
低液位检测	I0.2	搅拌器	Q0.2
停止按钮	I0.3	放料泵	Q0.3
高液位检测	I0.4		

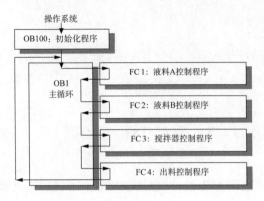

图 5.34　程序结构示意框图

启动组织块 OB100 的梯形图程序示例如图 5.35 所示。

OB100 :　″Complete Restart″

Network 1：初始化输出变量

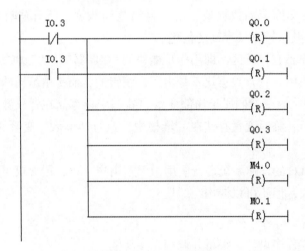

图 5.35　启动组织块 OB100 的梯形图程序示例

主程序组织块 OB1 的梯形图程序示例如图 5.36 所示。

OB1：搅拌控制程序-分部式结构

Network 1：Title:

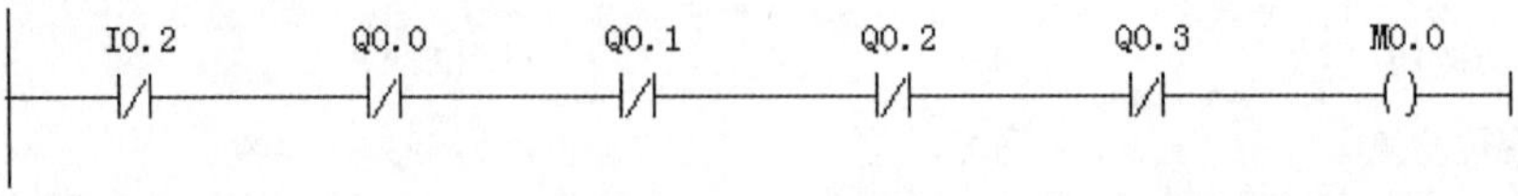

Network 2：启动进料泵1

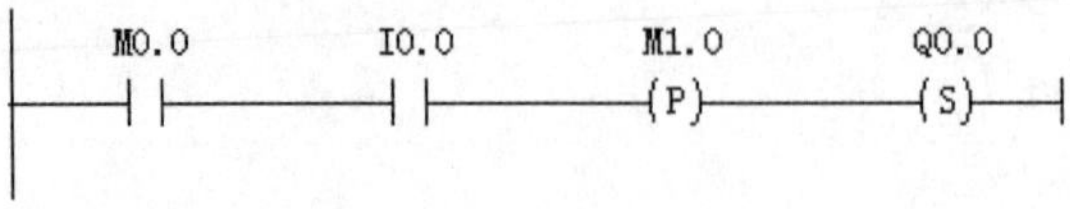

图 5.36　主程序组织块 OB1 的梯形图程序示例

Network 3：OB1中调用FC1、FC2、FC3、FC4

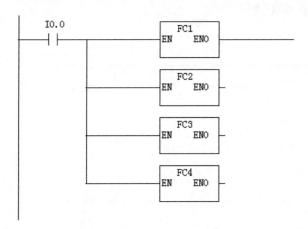

图 5.36　主程序组织块 **OB1** 的梯形图程序示例(续)

功能 FC1、FC2、FC3 和 FC4 的梯形图程序示例分别如图 5.37~图 5.40 所示。

FC1：Title:

Network 1：液料A控制程序

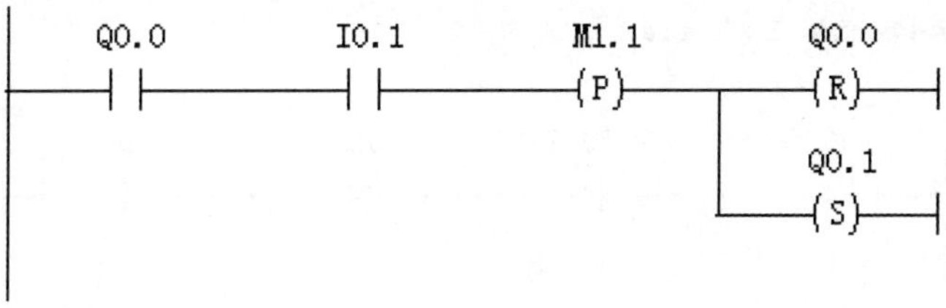

```
   Q0.0      I0.1      M1.1      Q0.0
 ──┤ ├──────┤ ├──────( P )──────( R )──
                                  Q0.1
                                 ──( S )──
```

图 5.37　FC1 的梯形图程序示例

FC2：Title:

Network 1：液料B控制程序

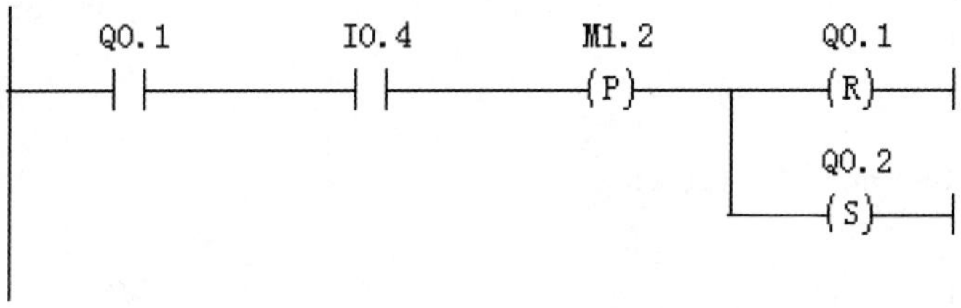

```
   Q0.1      I0.4      M1.2      Q0.1
 ──┤ ├──────┤ ├──────( P )──────( R )──
                                  Q0.2
                                 ──( S )──
```

图 5.38　FC2 的梯形图程序示例

FC3 : Title:
Network 1: 搅拌器控制程序

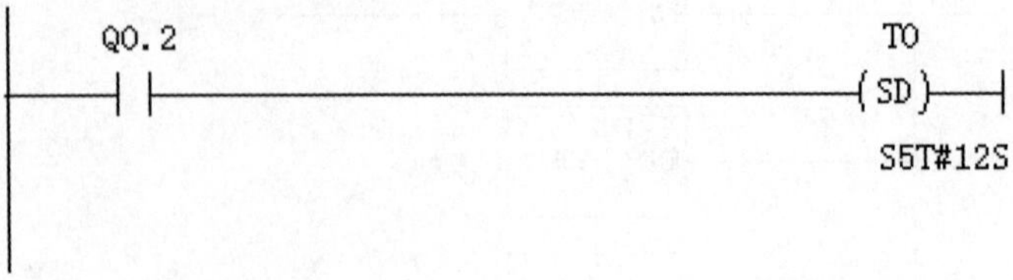

```
      Q0.2                                              T0
 ─────┤ ├──────────────────────────────────────────( SD )───┤
                                                   S5T#12S
```

Network 2: Title:

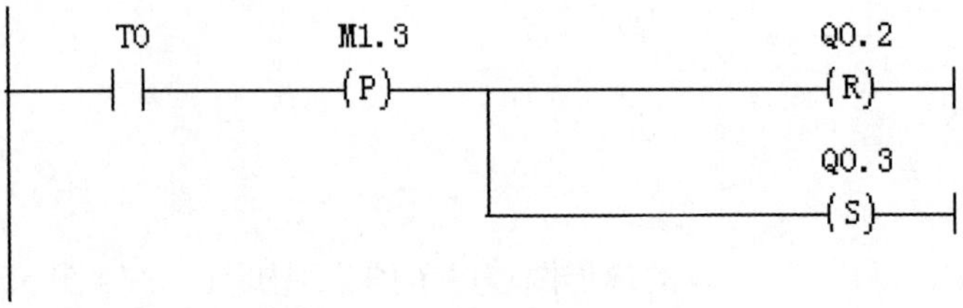

```
      T0          M1.3                                  Q0.2
 ─────┤ ├─────────( P )──────────┬─────────────────────( R )───┤
                                 │
                                 │                       Q0.3
                                 └─────────────────────( S )───┤
```

图 5.39　FC3 的梯形图程序示例

FC4 : 出料控制程序
Network 1: Title:

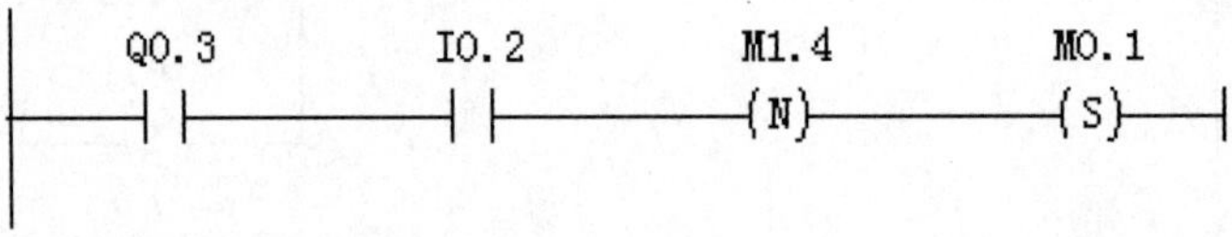

```
      Q0.3        I0.2        M1.4        M0.1
 ─────┤ ├─────────┤ ├─────────( N )───────( S )───┤
```

Network 2: Title:

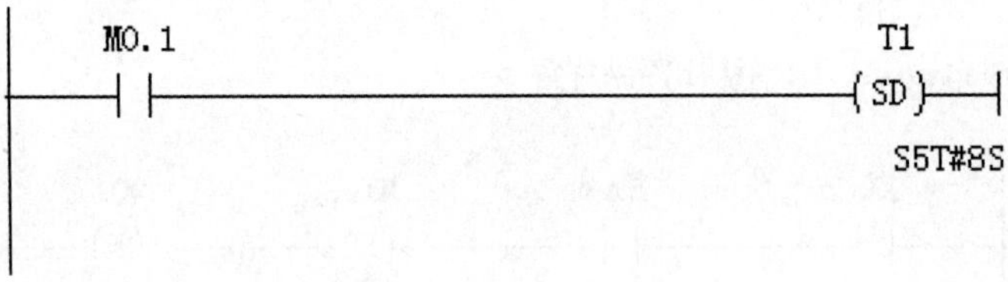

```
      M0.1                                          T1
 ─────┤ ├──────────────────────────────────────────( SD )───┤
                                                   S5T#8S
```

Network 3: Title:

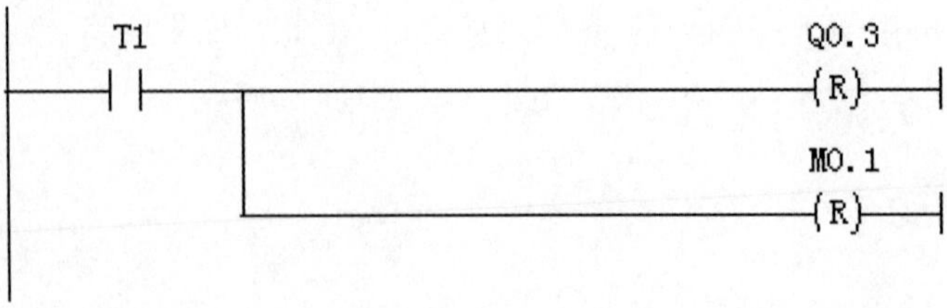

```
      T1                                            Q0.3
 ─────┤ ├──────────────┬─────────────────────────( R )───┤
                       │
                       │                            M0.1
                       └─────────────────────────( R )───┤
```

图 5.40　FC4 的梯形图程序示例

顺序控制与 S7-GRAPH 编程

PLC 控制系统梯形图的设计没有固定的模式，用户可以根据实际情况和自身的知识背景，采用不同的方法实现。对于比较简单的控制程序，可以根据对控制系统的具体要求，直接利用各种指令编写梯形图程序，这种方法被称为经验设计法，设计过程一般没有规律可遵循，具有试探性和随机性，编程所用的时间和质量与设计者的经验有很大关系。在实际控制系统中，控制工艺一般都具有一定的规定顺序，因此在设计较复杂控制系统梯形图时，可以采用顺序控制设计法，该设计法具有一定的规律，很容易被初学者接受，是一种比较先进的设计方法。

6.1　知识点归纳

PLC 控制系统梯形图的设计方法大体可分为以下 3 种。

(1) 经验设计法。

所谓经验设计法，就是根据编程者的设计经验，利用各种指令直接编写出梯形图程序。经验设计法没有固定的通用规律和设计步骤可以遵循，主要和设计者的经验有关。经验设计法通常适用于控制工艺相对简单的控制系统的设计，前面章节的梯形图程序设计采用的都是经验设计法。

(2) 根据继电器电路设计梯形图。

最初的 PLC 是由传统继电器控制系统演变而来的，PLC 的梯形图编程语言采用的就是类似于继电器电路的触点、线圈等符号和表达方式。因此，如果要将传统继电器控制系统改造成 PLC 控制系统，就可以采用根据继电器电路设计梯形图这种设计方法来实现，即将继电器控制电路图"转换"成 PLC 的梯形图程序。

(3) 顺序控制设计法。

顺序控制设计法主要针对的是顺序控制系统。所谓顺序控制设计法，是指按照生产工艺预先规定的顺序，在各个输入信号的作用下，根据内部状态和时间的顺序，在生产过程中各个执行机构自动地、有秩序地进行操作。顺序控制设计法是一种比较先进的设计方法，具有一定的普遍规律和设计步骤可遵循，交通灯控制系统、洗衣机、洗车流水线等的设计通常使用此方法，本章也将重点介绍此方法。

6.1.1 顺序控制设计法

1. 顺序控制设计法的基本思想

顺序控制设计法的基本思想就是将控制系统的一个工作周期划分为若干个顺序相连的步，并用编程元件(M或S)来代表各步。

2. 顺序控制梯形图设计的基本步骤

在使用顺序控制设计法设计梯形图程序时，首先应该根据控制工艺过程画出顺序功能图，然后根据顺序功能图设计出梯形图程序。

6.1.2 顺序功能图

顺序功能图是用来描述控制系统的控制过程、功能和特性的一种图形。顺序功能图是 IEC 标准编程语言，用于设计 PLC 复杂的顺序控制程序。即使有些 PLC 没有配备顺序功能图语言，同样可以用顺序功能图描述出系统的功能流程，再根据顺序功能图设计出梯形图程序。

1. 顺序功能图的组成

顺序功能图由步、有向连线、转移(转换)、转移条件(转换条件)和动作构成。

(1)步。

①步的划分。通常根据输出量的状态变化来划分步，即在任何一步之内，各输出量的 ON/OFF 状态保持不变，但相邻两步之间输出量的状态是不同的。

②步的表示方法。步用矩形方框表示，方框中可以用数字、编程元件(M或S)的地址作为步的编号。

③初始步。与系统的初始状态相对应的步被称为初始步，一般是系统等待启动命令的相对静止的状态。初始步一般用双线方框表示，每个顺序功能图至少应该有一个初始步。

④活动步。系统正处于某一步所在的阶段时，该步即处于活动状态，称该步为活动步。当步处于活动状态时，相应的动作被执行。

(2)有向连线。

连接步与步之间的有向线段被称为有向连线。有向连线是有方向的，系统默认的进展方向是从上到下、从左到右，默认的方向可以不用标注箭头。若不是默认的进展方向，则必须在有向连线上标注箭头以表示其进展方向。

(3)转移(或转换)。转移的作用是将相邻两步隔开，用有向连线上与有向连线垂直的短划线来表示。

(4)转移条件(或转换条件)。使系统由当前步进入下一步的信号被称为转移条件。当转移条件被满足时，系统会自动从当前步跳到下一步。转移条件既可以是外部的输入信号(如 I0.0)，也可以是 PLC 内部产生的信号(如 T5)。

(5)动作。一个步表示控制过程中的稳定状态，它可以对应一个或多个动作。可以在步右边加一个矩形框，在框中用文字或地址说明该步对应的动作，一般用输出类指令表示动作，如 Q0.0。只有当前步为活动步时，动作才被执行。

2. 转移实现的基本原则

转移实现的条件如下。

(1)该转移所有的前级步都是活动步。

(2)相应的转移条件得到满足。

转移实现应完成的操作如下。

(1)使所有由有向连线与相应转换符号相连的后续步都变为活动步。

(2)使所有由有向连线与相应转换符号相连的前级步都变为不活动步。

3. 顺序功能图的使用规则

(1)步与步不能直接相连，必须用转移分开。

(2)转移与转移不能直接相连，必须用步分开。

(3)步与转移之间的连线采用有向线段，正常顺序(从上到下或从左到右)时，可以省略箭头，否则必须加箭头。

(4)初始步是必不可少的，它是进入循环扫描的入口。

(5)自动控制系统应能多次重复执行同一工艺过程，故顺序功能图应构成闭环控制。

(6)在 OB100 中，将初始步置为活动步，否则系统将无法工作。

4. 顺序功能图的结构类型

顺序功能图的结构类型有以下 4 种。

(1)单流程结构。

单流程又称单序列，是由一系列相继激活的步构成的，每一步的后面只有一个转移，每个转移后面只有一个步，即从头到尾只有一条分支路径可执行。

(2)选择性分支流程结构。

选择性分支流程又称选择序列，表示系统中存在几个独立工作的独立部分，流程中有多个分支路径，但是只能选择其中一条分支路径执行。

(3)并进分支流程结构。

并进分支流程又称并行序列，表示系统中存在几个同时工作的独立部分，流程中有多个分支路径，并且必须是同时执行的。

(4)多流程结构。

对于一个顺序控制任务，如果存在多个相互独立的工艺流程，那么就需要采用多流程结构。

5. 顺序功能图的应用示例

例 6-1：图 6.1 所示为某控制过程的 I/O 时序图，根据时序图绘制出顺序功能图。

解析：首先要依据步的划分方法，将系统划分为 4 步(包括初始步)，再依次画出有向连线、转移，标注出转移条件及各步的动作。该例属于单流程结构，绘制的顺序功能图如图 6.2 所示(用位存储器 M 来代表各步)。

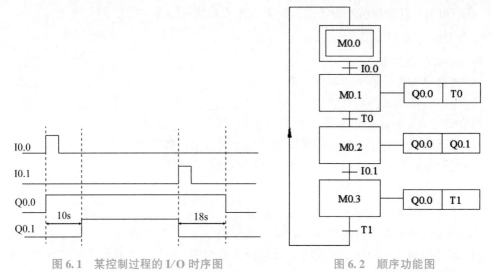

图 6.1　某控制过程的 I/O 时序图　　　　　图 6.2　顺序功能图

例 6-2：图 6.3 所示为某组合机床动力头运动示意图。当按下启动按钮 I0.0 后，Q0.0 和 Q0.1 为 1，动力头向右快进；碰到限位开关 I0.1 后，变为工进，Q0.1 为 1；碰到限位开关 I0.2 后，Q0.2 为 1，工作台快退；碰到限位开关 I0.3 后，返回初始位置停止运动。依题意画出该控制系统的顺序功能图。

解析：首先要依据步的划分方法，将系统划分为 4 步（包括初始步），再依次画出有向连线、转移，标注出转移条件及各步的动作。该例属于单流程结构，绘制的顺序功能图如图 6.4 所示（用位存储器 M 来代表各步）。

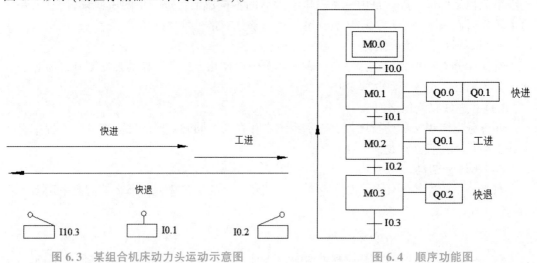

图 6.3　某组合机床动力头运动示意图　　　　　图 6.4　顺序功能图

例 6-3：交通灯控制系统设计。交通灯控制过程如下：当按下启动按钮时，信号灯开始工作；首先东西向红灯亮，南北向绿灯亮，东西向红灯亮 25 s；在东西向红灯亮的同时南北向绿灯亮，绿灯亮的时间是 20 s；当到 20 s 时，南北向绿灯熄灭，黄灯亮，黄灯亮的时间是 5 s；到 5 s 时，南北向黄灯熄灭，红灯亮 30 s，同时东西向红灯熄灭绿灯亮，周而复始地进行。交通灯工作流程示意图如图 6.5 所示，依题意画出顺序功能图。

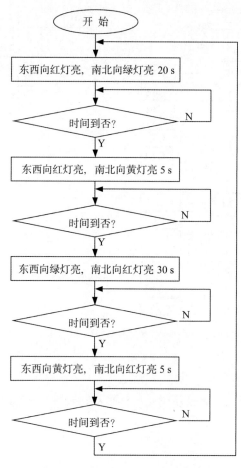

图 6.5　交通灯工作流程示意图

解析：交通灯的控制属于典型的顺序控制，当按下启动按钮后，系统就开始按照顺序功能图所描述的过程循环执行，交通灯控制系统的 I/O 地址分配如表 6.1 所示，顺序功能图如图 6.6 所示。

表 6.1　交通灯控制系统的 I/O 地址分配

输入/输出	设备名称	地址
输入	启动按钮	I0.0
	停止按钮	I0.1
输出	东西向红灯	Q4.0
	东西向黄灯	Q4.1
	东西向绿灯	Q4.2
	南北向红灯	Q4.3
	南北向黄灯	Q4.4
	南北向绿灯	Q4.5

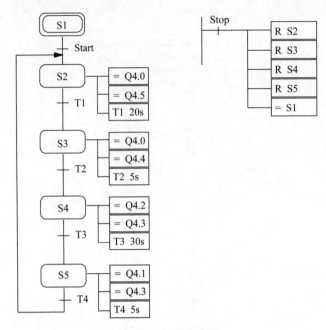

图 6.6　顺序功能图

6.1.3　顺序控制梯形图

顺序控制梯形图就是根据顺序功能图设计出的梯形图。下面主要介绍两种将顺序功能图转换成梯形图的方法。

1. 使用起保停电路的设计方法

使用起保停电路方法将顺序功能图设计成梯形图的关键，是找到它的启动条件和停止条件，典型的起保停电路梯形图(如图 6.7 所示)是该方法的设计依据。

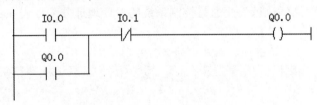

图 6.7　典型的起保停电路梯形图

在顺序功能图中找到启动条件和停止条件的依据如下。

启动条件：该步的前级步为活动步且满足转移条件。

停止条件：该步的后续步为不活动步。

例 6-4：设计锅炉的鼓风机和引风机顺序启停的梯形图控制程序，要求在锅炉控制系统中，鼓风机和引风机顺序启停，即按下启动按钮 I2.0 后，先开引风机，延时 10 s 后，鼓风机自动启动。按停止按钮 I2.1 后，先停鼓风机，延时 18 s 后，引风机自动停机。Q3.0 控制引风机，Q3.1 控制鼓风机。依题意画出顺序功能图，并将顺序功能图转换成梯形图程序。

解析：鼓风机和引风机顺序启停属于顺序控制，本例采用顺序控制设计法设计梯形图程序。首先依题意绘制鼓风机和引风机顺序启停的顺序功能图，如图 6.8 所示，然后使用起保停电路的方法将顺序功能图转换成梯形图程序，其中 OB100 组织块中编写的是启动初始化程序。将 M0.0~M0.3 先复位，再将 M0.0 置位，使初始步 M0.0 变成活动步。OB100 和 OB1 中的鼓风机和引风机顺序启停的梯形图程序示例分别如图 6.9 和图 6.10 所示。

输出电路(如 Q3.0)的设计应注意以下问题。

(1)若某一输出仅在某一步中为 ON，则将它的线圈(Q3.1)与对应步的存储器位(M0.2)的线圈并联。

(2)若某一输出在几步中都为 ON(如 Q3.0)，则需要将代表各有关步的存储器位的常开触点并联后驱动该输出的线圈。例如，图 6.10 中的 M0.1~M0.3 的常开触点并联驱动 Q3.0 的线圈。

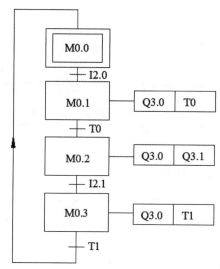

图 6.8　鼓风机和引风机顺序启停的顺序功能图

OB100 : "Complete Restart"

Network 1：初始化，将M0.0置位使初始步变为活动步

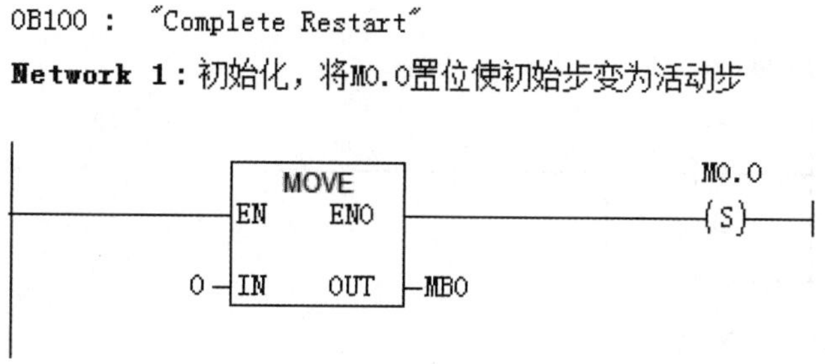

图 6.9　OB100 中的鼓风机和引风机顺序启停的梯形图程序示例

Network 7：起保停电路设计法

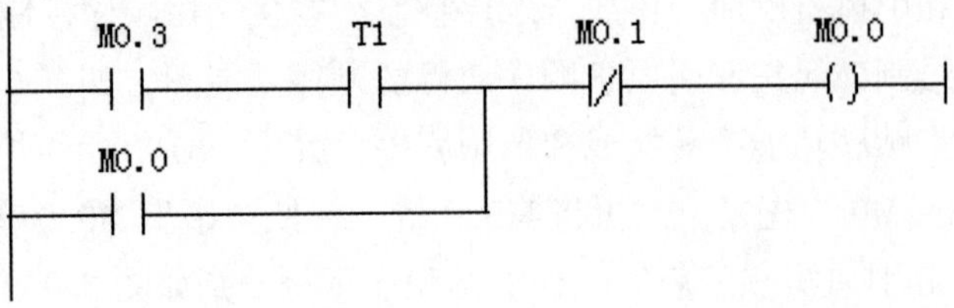

```
M0.3        T1        MO.1        MO.0
─┤├────────┤├────┬────┤/├────────( )──
                 │
MO.0             │
─┤├──────────────┘
```

Network 8：Title:

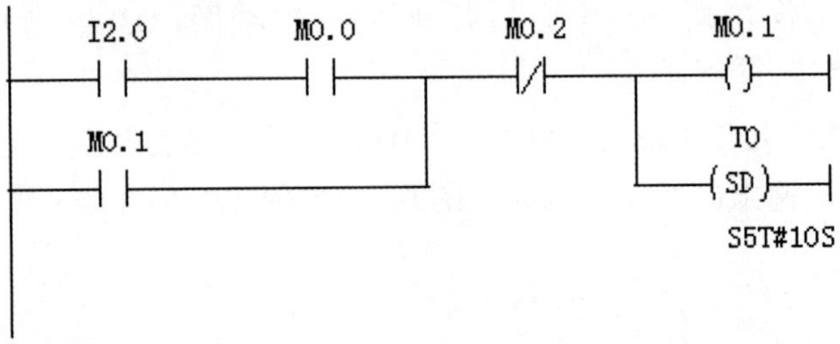

```
I2.0        MO.0        MO.2        MO.1
─┤├────────┤├────┬────┤/├────────( )──
                 │                │
MO.1             │                TO
─┤├──────────────┘              (SD)──
                                S5T#10S
```

Network 9：Title:

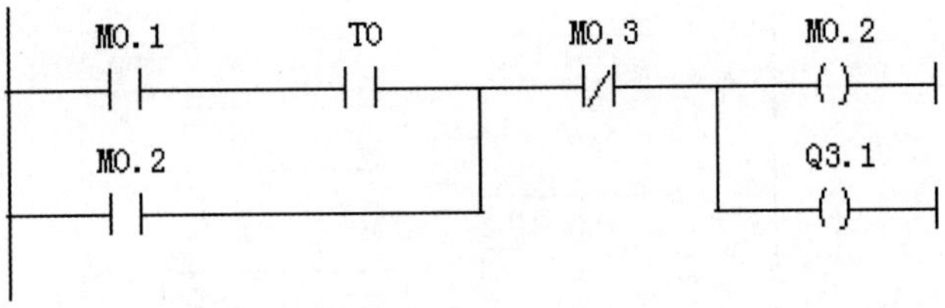

```
MO.1        TO         MO.3        MO.2
─┤├────────┤├────┬────┤/├────────( )──
                 │                │
MO.2             │                Q3.1
─┤├──────────────┘              ( )──
```

Network 10：Title:

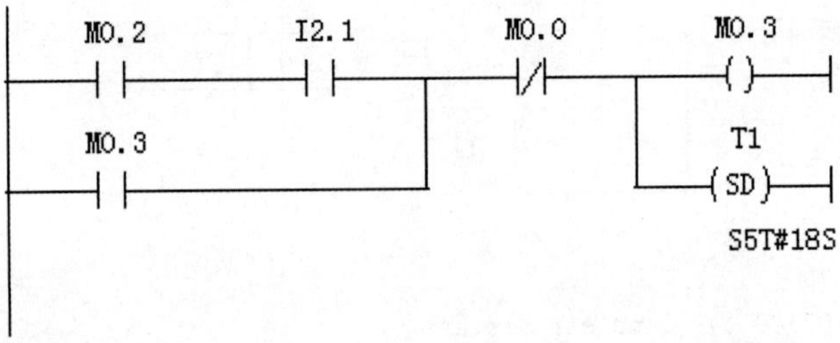

```
MO.2        I2.1        MO.0        MO.3
─┤├────────┤├────┬────┤/├────────( )──
                 │                │
MO.3             │                T1
─┤├──────────────┘              (SD)──
                                S5T#18S
```

Network 11：Title:

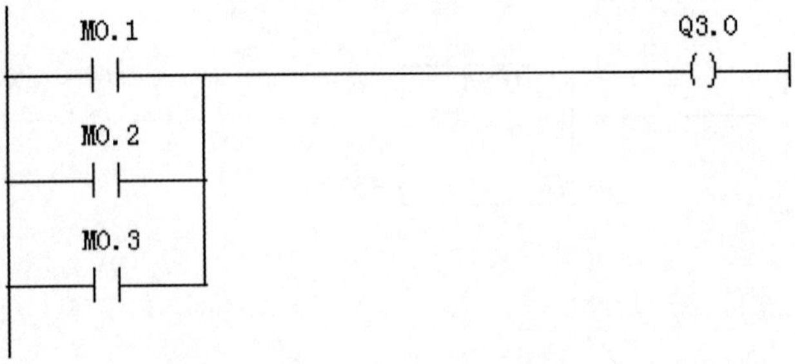

```
MO.1                              Q3.0
─┤├──────┬───────────────────────( )──
         │
MO.2     │
─┤├──────┤
         │
MO.3     │
─┤├──────┘
```

图 6.10　OB1 中的鼓风机和引风机顺序启停的梯形图程序示例

例6-5：设计液压动力滑台控制系统，要求液压动力滑台开始停在最左边（左限位开关I0.3）。当按下启动按钮SB1（I0.0）后，YV11（Q4.0）和YV2（Q4.1）的线圈通电，动力滑台快进；碰到中限位开关（I0.1）后变为工进，Q4.1的线圈断电；当运动中碰到右限位开关I0.2时暂停8 s，YV11（Q4.0）的线圈断电；8 s后动力滑台快退，YV12（Q4.2）的线圈通电；当运动至返回初始位置时，YV12（Q4.2）的线圈断电，动力滑台停止运动。依题意绘制顺序功能图，并将顺序功能图设计成梯形图程序。

解析：液压动力滑台的运动属于顺序控制，采用顺序控制设计法进行设计。依题意，液压动力滑台的运动控制过程可以分为5步，先绘制出顺序功能图，再采用起保停电路的设计方法将顺序功能图转换成梯形图程序。

液压动力滑台控制系统顺序功能图和梯形图程序示例如图6.11所示。

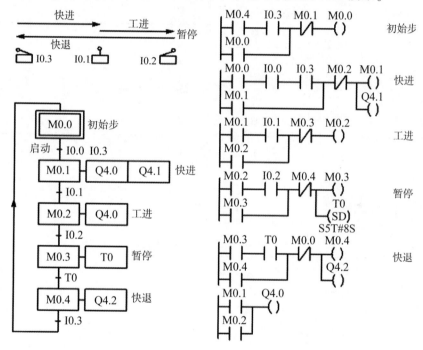

图6.11 液压动力滑台控制系统顺序功能图和梯形图程序示例

2. 以转移为中心的设计方法

以转移为中心设计方法的设计依据是转移实现的基本原则，即转移实现的条件和转移实现应完成的操作。

在设计时，先将该转移所有前级步对应的存储器位的常开触点与转移对应的触点串联，然后使所有后续步对应的存储器位置位（用S指令），并使所有前级步对应的存储器位复位（用R指令）。

在使用以转移为中心的编程方法时，每一个转移对应一个置位和复位的电路块，有几个转移就有几个这样的电路块。

例6-6：设计锅炉的鼓风机和引风机顺序启停的梯形图控制程序。

解析：鼓风机和引风机顺序启停的顺序功能图如图6.8所示，本例采用以转移为中心的设计方法将顺序功能图转移为梯形图程序，图6.12所示为梯形图程序示例。

Network 1：鼓风机引风机启停程序

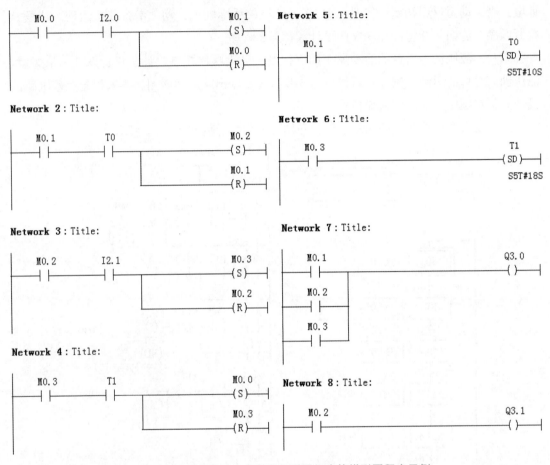

图6.12 以转移为中心的鼓风机引风机启停梯形图程序示例

例6-7：设计小车自动往返控制系统梯形图。图6.13所示是某小车运动示意图，设小车在初始位置时停在左边（有左限位开关），按下启动按钮I0.0后，小车右行，碰到限位开关I0.1后，停在该处，3 s后左行，碰到I0.2后，返回初始位置，停止运动。画出顺序功能图并将其转换成梯形图。

解析：小车自动往返控制属于顺序控制，依题意，首先绘制顺序功能图，如图6.14所示，可见小车自动往返运动过程可以划分为4步，再采用以转移为中心的设计方法将顺序功能图转换成梯形图程序，如图6.15所示。

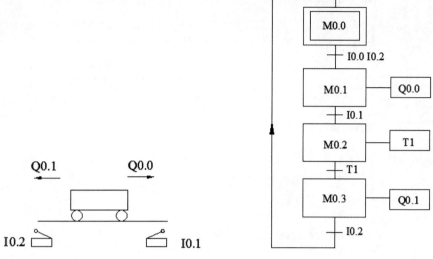

Q0.1
Q0.0
I0.2
I0.1

图 6.13　某小车运动示意图

M0.0
I0.0 I0.2
M0.1
Q0.0
I0.1
M0.2
T1
T1
M0.3
Q0.1
I0.2

图 6.14　小车运动顺序功能图

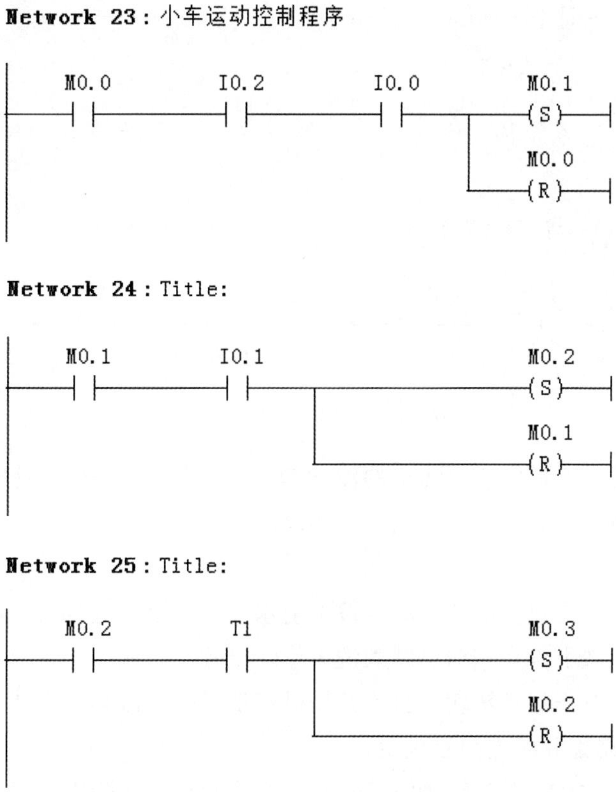

Network 23：小车运动控制程序
M0.0
I0.2
I0.0
M0.1
(S)
M0.0
(R)
Network 24：Title:
M0.1
I0.1
M0.2
(S)
M0.1
(R)
Network 25：Title:
M0.2
T1
M0.3
(S)
M0.2
(R)

图 6.15　小车运动控制梯形图程序示例

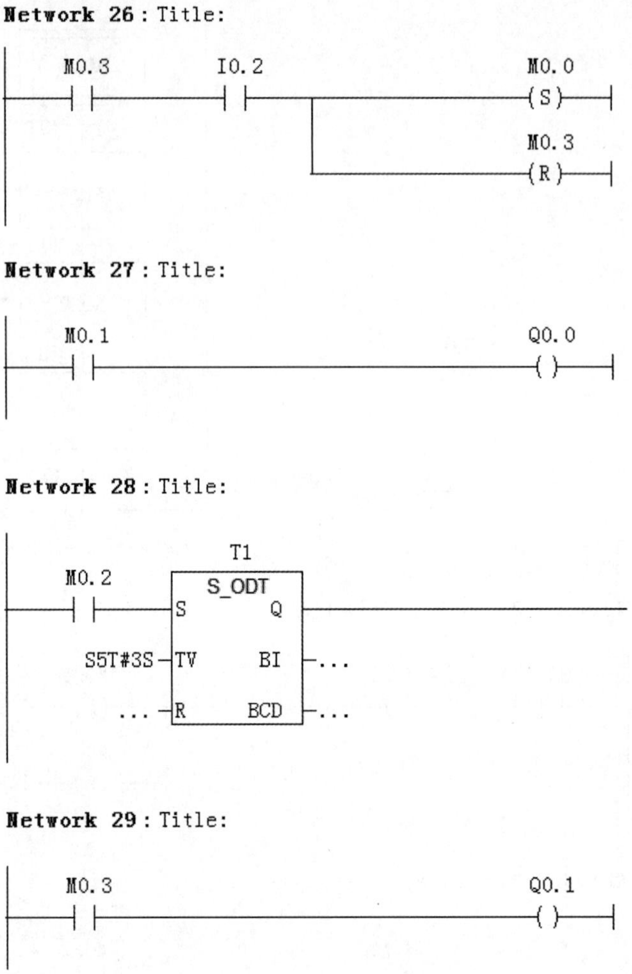

Network 26: Title:

```
        M0.3        I0.2                          M0.0
      --| |--------| |--------------------------(S)--
                              |
                              |                   M0.3
                              ------------------(R)--
```

Network 27: Title:

```
        M0.1                                      Q0.0
      --| |------------------------------------( )--
```

Network 28: Title:

```
                         T1
                      S_ODT
        M0.2       ┌──────────┐
      --| |--------│S        Q│------------------
                   │          │
           S5T#3S──│TV      BI│--...
                   │          │
              ...──│R     BCD│--...
                   └──────────┘
```

Network 29: Title:

```
        M0.3                                      Q0.1
      --| |------------------------------------( )--
```

图 6.15　小车运动控制梯形图程序示例(续)

例 6-8：设计洗车控制系统，洗车的流程包括泡沫清洗、清水冲洗和风干 3 个过程，无论何时按下停止按钮，立即停止洗车操作流程，洗车系统的工作方式包括自动和手动两种。

手动洗车流程：首先执行泡沫清洗，按下清水冲洗按钮后进行清水冲洗，按下风干按钮后进行风干处理，按下停止按钮后结束洗车作业流程。

自动洗车流程：按下启动按钮后自动开始进行洗车操作流程，泡沫清洗 10 s，清水冲洗 20 s，风干 5 s，结束并回到初始状态。

解析：洗车的工作模式分为手动方式和自动方式两种，实际操作时，只能选择其中一种，所以顺序功能图应该采用选择性分支流程结构，洗车控制系统顺序功能图如图 6.16 所示。

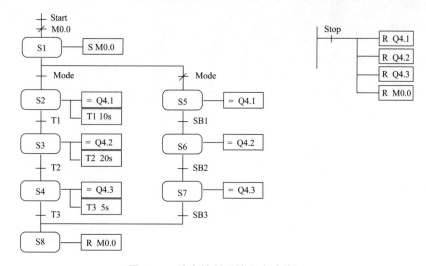

图 6.16　洗车控制系统顺序功能图

6.1.4　S7-GRAPH 的应用

　　S7-300PLC 的标准版编程软件中有梯形图、语句表及功能块图 3 种基本的编程语言，而 S7-300PLC 专业版(可选软件包)的编程软件中支持 S7-GRAPH 编程语言，即顺序功能图语言。

　　注：用 S7-GRAPH 编写的顺序控制程序以功能块的形式被主程序调用。

　　例 6-9：交通信号灯控制系统设计(S7-GRAPH 编辑)。

　　解析：设计过程略，在 S7-300PLC 专业版的 STEP 7 中采用 S7-GRAPH 编辑的顺序功能图程序示例如图 6.17 所示。

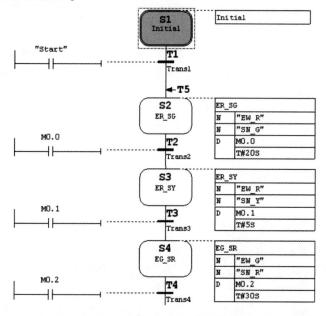

图 6.17　S7-GRAPH 顺序功能图程序示例

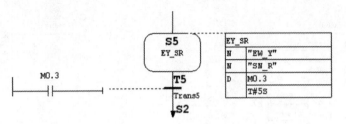

图 6.17　S7-GRAPH 顺序功能图程序示例(续)

6.2　同步练习

1. 简答题

(1)PLC 控制系统梯形图的设计方法可以分为哪几种?

(2)顺序功能图是由哪几部分组成的?

(3)转移实现的条件是什么?

(4)转移实现后应完成的操作有哪些?

(5)顺序控制梯形图设计的基本步骤有哪些?

(6)顺序控制梯形图的设计方法有哪几种?

2. 顺序控制梯形图设计

(1)某控制系统中,已知两条传输带顺序相连,按下启动按钮(I4.0),2 号传输带开始运行(Q5.0 变为 ON),30 s 后 1 号传输带自动启动(Q5.1 变为 ON);按下停机按钮(I4.1),1 号传输带先停机,18 s 后 2 号传输带自动停机。依题意完成:①画出顺序功能图;②将顺序功能图转换成梯形图程序。

(2)某控制系统中,当按下 SB1 按钮(I0.0)时,甲乙两个指示灯同时亮(Q0.0、Q0.1),8 s 后乙灯熄灭、丙灯亮(Q0.2),按下 SB2 按钮(I0.1),甲灯熄灭,10 s 后丙灯熄灭。请完成以下问题:①依题意画出顺序功能图;②将顺序功能图转换成梯形图程序。

6.3　答案解析

1. 简答题

(1)PLC 控制系统梯形图的设计方法可以分为 3 种:经验设计法、根据继电器电路设计梯形图法和顺序控制设计法。

(2)顺序功能图是由步、有向连线、转移(转换)、转移条件(转换条件)和动作 5 部分组成的。

(3)转移实现的条件:该转移所有的前级步都是活动步;相应的转移条件得到满足。

(4)转移实现后应完成的操作:使所有由有向连线与相应转换符号相连的后续步都变

为活动步；使所有由有向连线与相应转换符号相连的前级步都变为不活动步。

(5)顺序控制梯形图设计的基本步骤：根据系统的工艺过程，画出顺序功能图；根据所画出的顺序功能图设计出梯形图。

(6)顺序控制梯形图的设计方法有：起保停电路设计方法和以转移为中心设计方法。

2. 顺序控制梯形图设计

(1)依题意，传输带的运动控制过程可以划分为4步，顺序功能图如图6.18所示，采用以转移为中心的方法将顺序功能图转换成梯形图程序示例，如图6.19所示。

(2)依题意，甲、乙、丙3个指示灯的亮灭变化过程可以划分为4步，顺序功能图如图6.20所示，采用起保停电路设计方法将顺序功能图转换成梯形图程序示例，如图6.21所示。

M0.0
I4.0
M0.1
Q5.0
T0
T0
M0.2
Q5.0
Q5.1
I4.1
M0.3
Q5.0
T1
T1

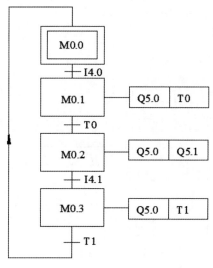

图6.18 顺序功能图

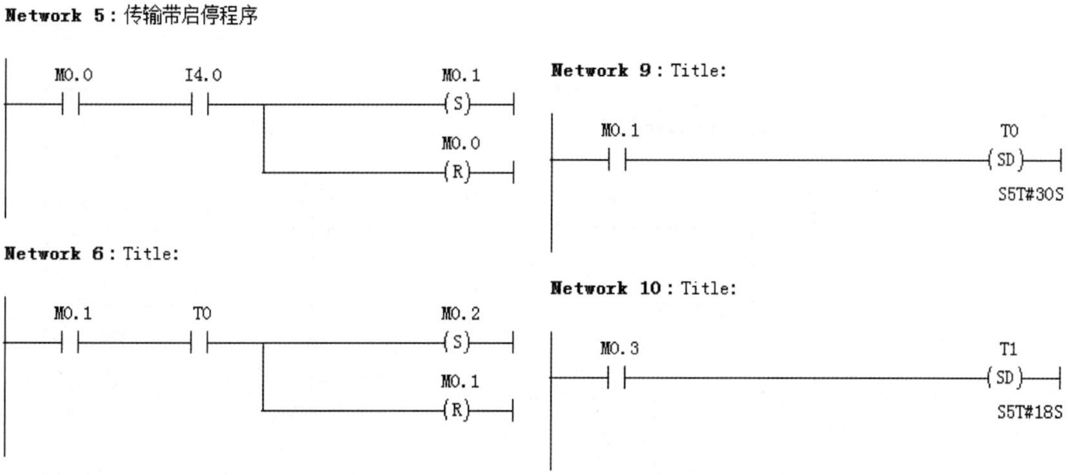

Network 5：传输带启停程序
M0.0
I4.0
M0.1
S
M0.0
R
Network 6：Title:
M0.1
T0
M0.2
S
M0.1
R
Network 9：Title:
M0.1
T0
SD
S5T#30S
Network 10：Title:
M0.3
T1
SD
S5T#18S

图6.19 传输带控制梯形图程序示例

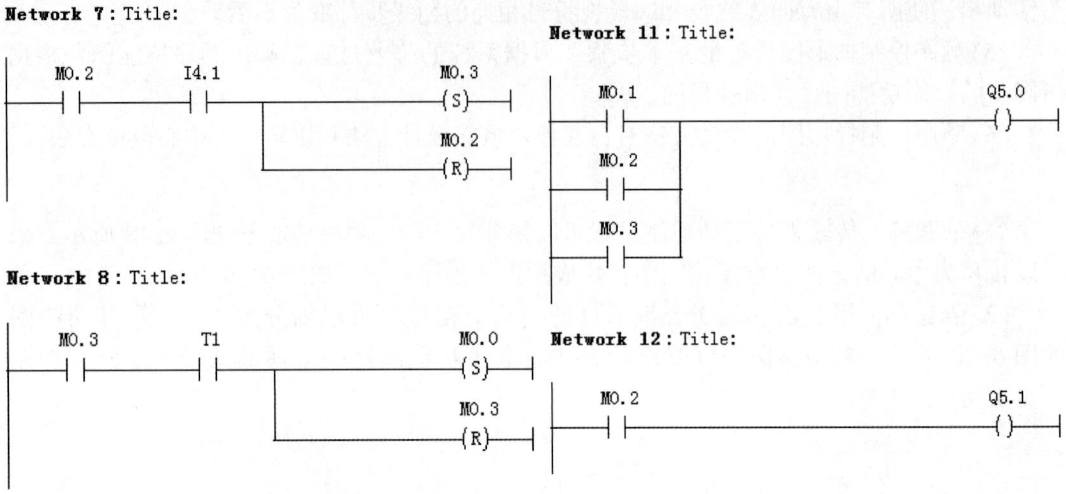
Network 7 : Title:
M0.2
I4.1
M0.3
S
M0.2
R
Network 8 : Title:
M0.3
T1
M0.0
S
M0.3
R
Network 11 : Title:
M0.1
Q5.0
M0.2
M0.3
Network 12 : Title:
M0.2
Q5.1

图 6.19　传输带控制梯形图程序示例(续)

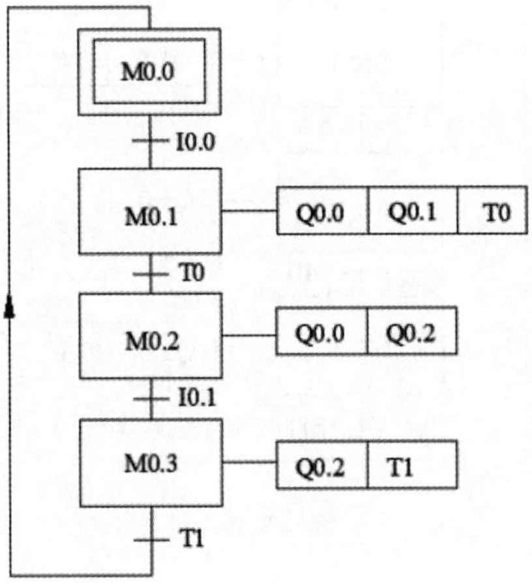
M0.0
I0.0
M0.1
Q0.0
Q0.1
T0
T0
M0.2
Q0.0
Q0.2
I0.1
M0.3
Q0.2
T1
T1

图 6.20　顺序功能图

OB1：甲、乙、丙3个指示灯顺序控制

Network 1：Title:

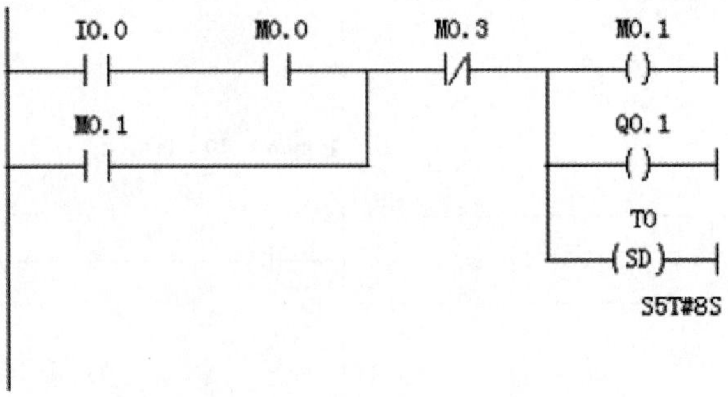
I0.0
M0.0
M0.3
M0.1
M0.1
Q0.1
T0
SD
S5T#8S

图 6.21　梯形图程序示例

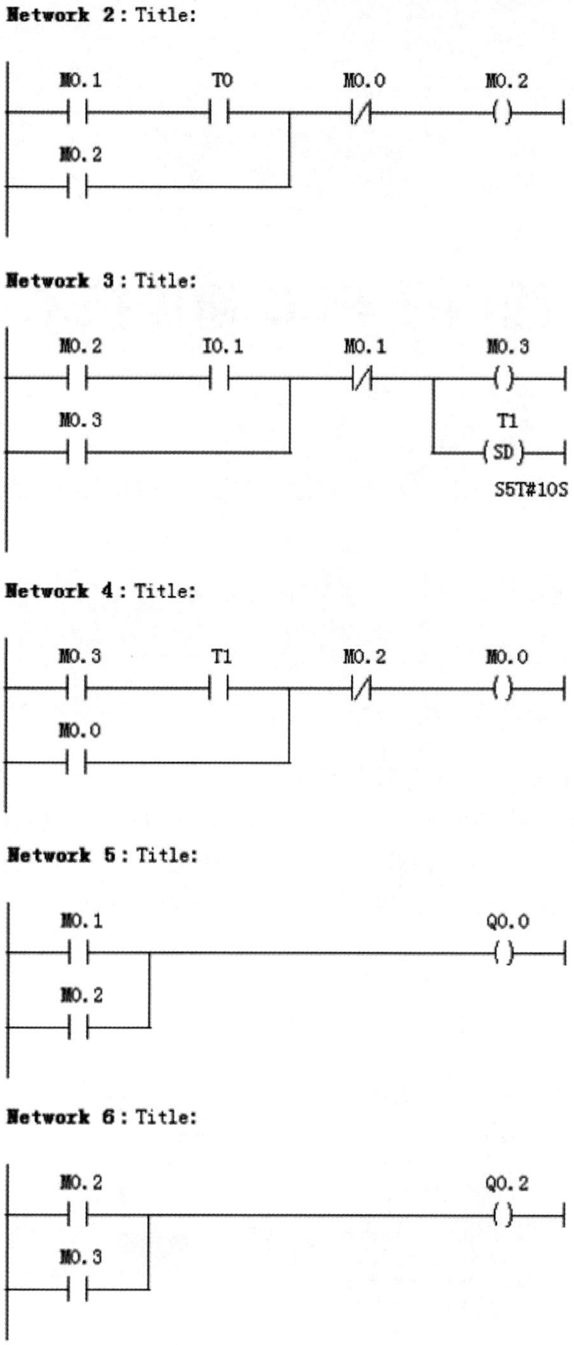

Network 2: Title:

```
  M0.1        T0          M0.0        M0.2
 ──┤├────────┤├──────┬────┤/├────────( )──
  M0.2                │
 ──┤├────────────────┘
```

Network 3: Title:

```
  M0.2        I0.1        M0.1        M0.3
 ──┤├────────┤├──────┬────┤/├────────( )──
  M0.3                │                T1
 ──┤├────────────────┘               (SD)──
                                     S5T#10S
```

Network 4: Title:

```
  M0.3        T1          M0.2        M0.0
 ──┤├────────┤├──────┬────┤/├────────( )──
  M0.0                │
 ──┤├────────────────┘
```

Network 5: Title:

```
  M0.1                              Q0.0
 ──┤├───────┬────────────────────( )──
  M0.2      │
 ──┤├───────┘
```

Network 6: Title:

```
  M0.2                              Q0.2
 ──┤├───────┬────────────────────( )──
  M0.3      │
 ──┤├───────┘
```

图 6.21 梯形图程序示例(续)

第 7 章

西门子 PLC 通信技术

PLC 通信主要包括 PLC 之间、PLC 与上位机之间、PLC 与其他设备之间的通信。

7.1 知识点归纳

7.1.1 西门子 PLC 的通信接口

西门子 PLC 的所有 CPU 模块都带有一个 MPI，有的 CPU 模块有一个 MPI 和一个 PROFIBUS-DP 接口，有的 CPU 模块有一个 MPI/DP 接口和一个 DP 接口。

MPI 用于 PLC 与其他西门子 PLC、PG/PC、OP 通过 MPI 网络进行通信，PROFIBUS-DP 用于 PLC 与其他带 DP 接口的西门子 PLC、PG/PC、OP 和其他 DP 主站和从站进行通信。

7.1.2 西门子 PLC 的通信网络

西门子 PLC 通信网络如图 7.1 所示。

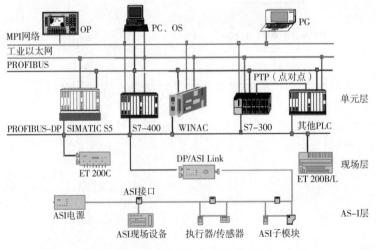

图 7.1　西门子 PLC 通信网络

1. MPI 网络通信

MPI 通信是一种比较简单的通信方式，MPI 物理接口符合 Profibus RS485（EN 50170）接口标准。MPI 网络通信的速率是 19.2 kbit/s～12 Mbit/s，S7-200 系列 PLC 只能选择 19.2 kbit/s 的通信速率，S7-300 系列 PLC 通常默认设置通信速率为 187.5 kbit/s，只有能够设置为 PROFIBUS 接口的 MPI 网络才支持 12 Mbit/s 的通信速率。

MPI 网络最多支持连接 32 个节点，最大通信距离为 50 m。如果通信距离较远，还可以通过中继器扩展通信距离，但中继器也要占用节点。MPI 网络节点通常可以挂 S7-200 系列 PLC、人机界面、编程设备、智能型 ET 200S 及 RS485 中继器等网络元器件。

西门子 PLC 与 PLC 之间的 MPI 通信一般有 3 种方式：全局数据包通信方式、无组态连接通信方式及组态连接通信方式。

MPI 网络通信示意图如图 7.2 所示。

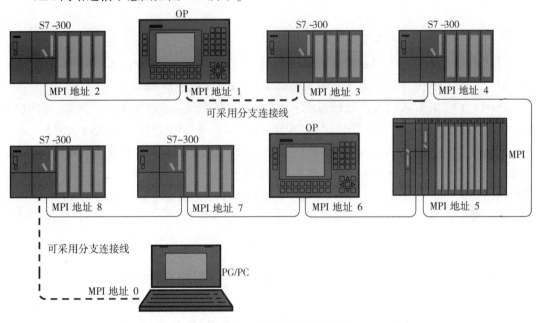

图 7.2　MPI 网络通信示意图

2. PROFIBUS 现场总线通信

PROFIBUS 是目前国际上通用的现场总线标准之一。PROFIBUS 总线是 1987 年由德国西门子公司等 13 家企业和 5 家研究机构联合开发的；1999 年，PROFIBUS 成为国际标准 IEC 61158 的组成部分；2001 年，该标准被批准成为中国的行业标准 JB/T 10308.3—2001。

PROFIBUS 通信协议包括以下 3 个主要部分。

（1）PROFIBUS-DP（分布式外部设备）。

PROFIBUS-DP 现场总线是一种开放式现场总线系统，符合欧洲标准和国际标准。PROFIBUS-DP 通信的结构非常精简，成本低、传输速率很高且稳定，用于自动化系统中单元级控制设备与分布式 I/O（如 ET 200）的通信，尤其适合 PLC 与现场分散的 I/O 设备之间的通信。PROFIBUS-DP 在整个 PROFIBUS 中是应用得最多最广的，可以连接不同厂商符合 PROFIBUS-DP 协议的设备。

（2）PROFIBUS-PA（过程自动化）。

PROFIBUS-PA 用于过程自动化的现场传感器和执行器的低速数据传输，使用扩展的 PROFIBUS-DP 协议。

（3）PROFIBUS-FMS（现场总线报文规范）。

PROFIBUS-FMS 可用于车间级监控网络，FMS 提供大量的通信服务，用来完成以中等级传输速率进行的循环和非循环的通信服务。

PROFIBUS 总线使用两端有终端的总线拓扑结构。PROFIBUS 使用以下 3 种传输技术：PROFIBUS-DP 和 PROFIBUS-FMS 都可使用 RS485 屏蔽双绞线电缆传输或光纤传输；PROFIBUS-PA 采用 IEC 1158-2 传输协议。

3. Ethernet 工业以太网通信

西门子工业以太网最多可有 1 024 个网络节点，网络的最大通信范围是 150 km。

西门子 PLC 工业以太网通信处理模块 CP343-1 用于 S7-300PLC，CP443-1 用于 S7-400PLC，均采用全双工通信方式，通信速率为 10 Mbit/s 或 100 Mbit/s。

PG/PC 的工业以太网通信处理器用于将 PG/PC 连接到工业以太网上。例如，CP1612 和 CP1613 是 PCI 以太网卡，CP1512 是 PCMCIA 以太网卡，CP1515 是无线以太网卡。

下面以 S7-300/400PLC 在 STEP 7 中进行工业以太网组态为例进行说明：首先，在 SIMATIC 管理器中创建 300 和 400 两个站并进行硬件组态，然后打开 NetPro，对工业以太网进行网络设置，包括对通信处理器 CP343-1 和 CP443-1 的参数设置以及对 IP 地址等相关参数的设置。

7.2 同步练习

网络组态练习，建立远程 I/O ET 200 与 CPU 315-2 DP 的通信连接。

7.3 答案解析

ET 200 与 CPU 315-2 DP 的组态界面如图 7.3 所示。

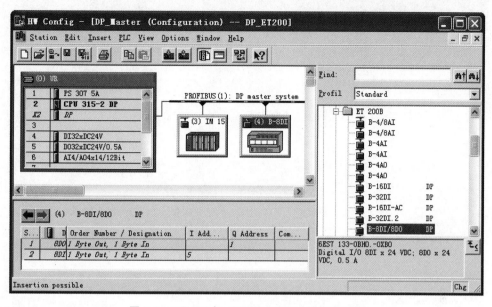

图 7.3 ET 200 与 CPU 315-2 DP 的组态界面

第二篇 案例分析

本篇为案例分析，选取了涉及多个应用领域的典型案例，案例内容瞄准产业需求和新工科建设，聚焦PLC技术的新发展，与时俱进，体现了PLC控制技术的前沿性与时代性。另外，本篇还选取了近年来西门子PLC大学生科技竞赛的相关案例，并将编者多年来指导学生参加科技创新大赛的经验以案例分析讲解的形式进行呈现，注重解题的探索过程，设置了具有一定难度的工程应用案例，强调实际工程应用，提高学习深度。

本篇的案例包括开关量逻辑控制应用案例，模拟量采集及数据处理应用案例，运动控制应用案例，工业过程控制应用案例和通信及联网应用案例等，涉及多个行业领域。

本篇通过应用案例的学习，能够提高读者解决自动控制领域的复杂工程问题的能力，培养读者对电气控制系统的设计、开发、安装、调试实际工作能力和创新能力，使读者具备解决复杂问题的综合能力和高级思维，能够开展规划与设计、部署与实施、运行与管理等方面的工作，为读者成为合格的应用型高级工程技术人才奠定扎实的基础。

第8章

开关量逻辑控制应用案例

开关量逻辑控制是 PLC 最基本、最广泛的应用领域之一，它取代了传统的继电器控制电路，既可以用于单台设备控制，又可以用于多机群和自动化流水线控制。

8.1 抢答器的控制

8.1.1 控制要求

设计一款竞赛抢答器，要求如下。

(1)抢答器能同时供 4 队使用。

(2)设置主持席和参赛席。

(3)当主持人出完题，说出"开始"并按下开始按钮后，参赛队开始抢答。如果有参赛队抢题成功，该参赛席面前的绿灯亮起。

(4)抢题成功的参赛队答题结束后，主持人按下停止按钮，绿灯熄灭，即可开始下一题的抢答。

8.1.2 案例分析

依题意，首先应该分析出主持人按开始按钮是参赛队抢答的先决条件。只有在主持人按开始按钮后，参赛队按抢答按钮才有效。根据题干的逻辑关系，当一支参赛队抢答成功后，其他队伍均不能抢答，即抢答按钮无效，所以可以应用基本逻辑指令以及起保停电路来实现题目要求。

根据本例中的控制要求列出抢答器的 I/O 地址分配，如表 8.1 所示。

表 8.1　抢答器 I/O 地址分配

输入		输出	
主持人开始按钮	I0.0	题目开始抢答指示	Q0.0
主持人停止按钮	I0.1	参赛队 1 绿灯	Q0.1
参赛队 1 抢答按钮	I0.2	参赛队 2 绿灯	Q0.2
参赛队 2 抢答按钮	I0.3	参赛队 3 绿灯	Q0.3
参赛队 3 抢答按钮	I0.4	参赛队 4 绿灯	Q0.4
参赛队 4 抢答按钮	I0.5	—	—

8.1.3　案例详解

开始抢答指示程序如图 8.1 所示。

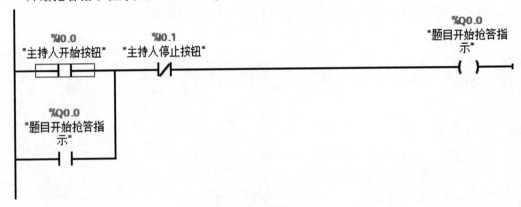

图 8.1　开始抢答指示程序

上图是起保停编程方法最典型的应用，由图可知，当主持人按下开始按钮时，"题目开始抢答指示"就闭合了。当主持人按下停止按钮时，"题目开始抢答指示"就断开了。

参赛队 1~参赛队 4 的抢答程序分别如图 8.2~图 8.5 所示。

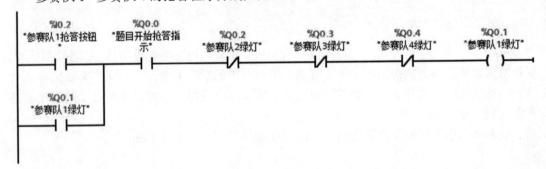

图 8.2　参赛队 1 的抢答程序

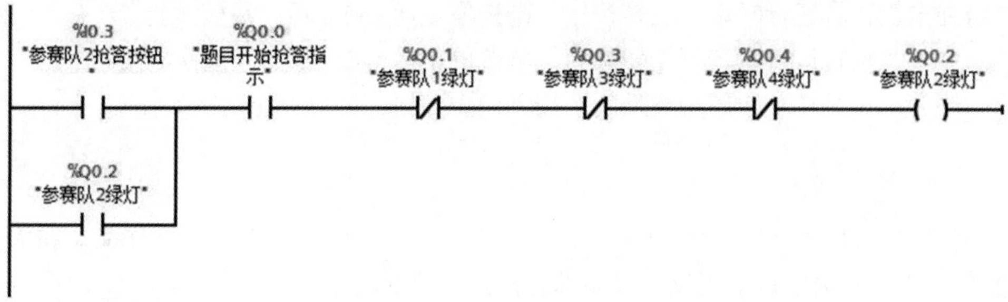

图 8.3　参赛队 2 的抢答程序

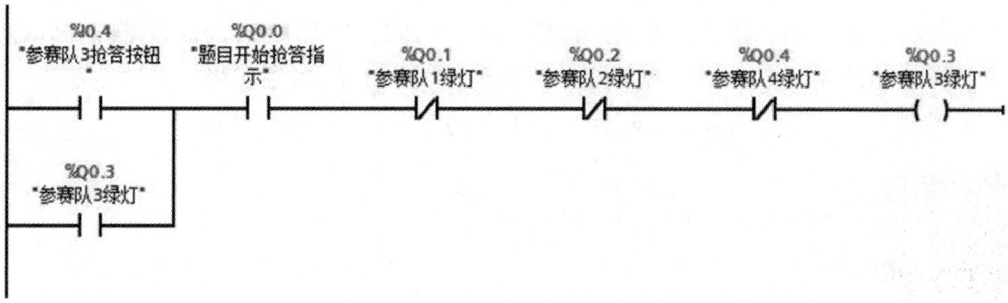

图 8.4　参赛队 3 的抢答程序

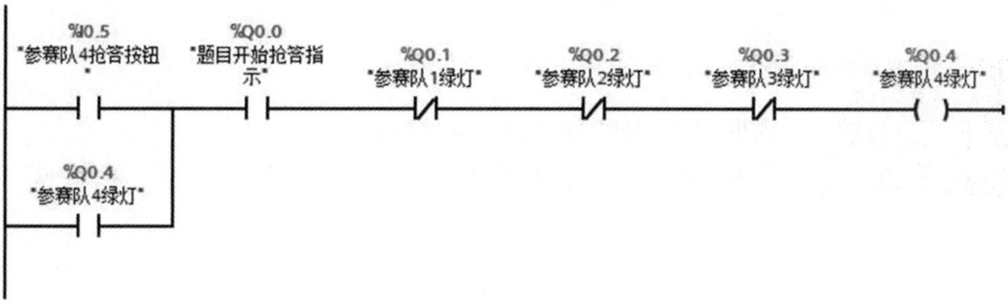

图 8.5　参赛队 4 的抢答程序

在图 8.1~图 8.5 中，可以清晰地看到只有在"题目开始抢答指示"闭合的前提下按下抢答按钮，才能让各参赛队的绿灯闭合，即抢到答题资格。同时，在图 8.2~图 8.5 中串联"参赛队 1 绿灯""参赛队 2 绿灯""参赛队 3 绿灯""参赛队 4 绿灯"的"闭点"是为了避免出现当一队抢答成功后，其他参赛队依旧可以抢答的情况，此即另一种经典编程方法"互锁"。

8.2　直流电机的正反转控制

8.2.1　控制要求

现有一台 DC24V 电机，设计一个电机正反转控制系统，要求如下。

(1) 当按下正转按钮(反转按钮)时，电机正向启动(反向启动)。

（2）在电机正转运行时按下反转按钮，电机停止运行 2 s 后，反转运行。

（3）在电机反转运行时按下正转按钮，电机停止运行 2 s 后，正转运行。

（4）不管电机是在正转还是在反转，按下停止按钮，电机停止运行。

8.2.2 案例分析

本例取材于 2019 年的"西门子杯"中国智能制造挑战赛的大学生创新作品。在大多数的创新作品中，直流电机的正反转控制都有极其广泛的应用。

依题意，首先可以使用起保停电路正向启动（反向启动）电机，同时电机由正转（反转）向反转（正转）变化的过程中要加入适当延时。通过定时器启动反方向的接触器。还需要注意的是，直流电机正转（反转）继电器闭合的时候，反转（正转）继电器不可以闭合，若闭合，则会造成系统电源正负极的短路，此处为"互锁"的典型应用。

根据控制要求，直流电机正反转控制的 I/O 地址分配如表 8.2 所示。

表 8.2　直流电机正反转控制的 I/O 地址分配

输入		输出	
正向启动按钮	I0.0	正向接触器	Q0.0
反向启动按钮	I0.1	反向接触器	Q0.1
停止按钮	I0.2	—	—

8.2.3 案例详解

电机正反转控制的梯形图程序分别如图 8.6~图 8.9 所示。

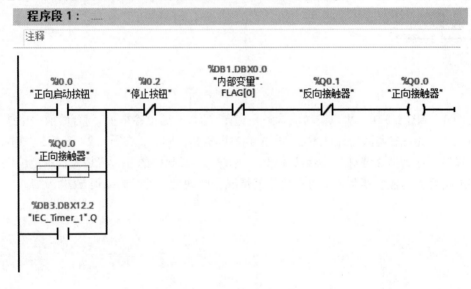

图 8.6　正向启动程序

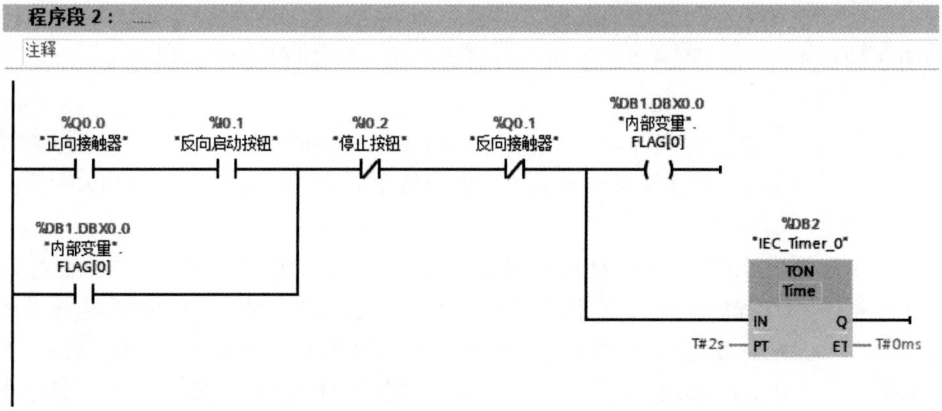

程序段2： ____

注释

图 8.7　正向运行向反向运行转变的定时器应用

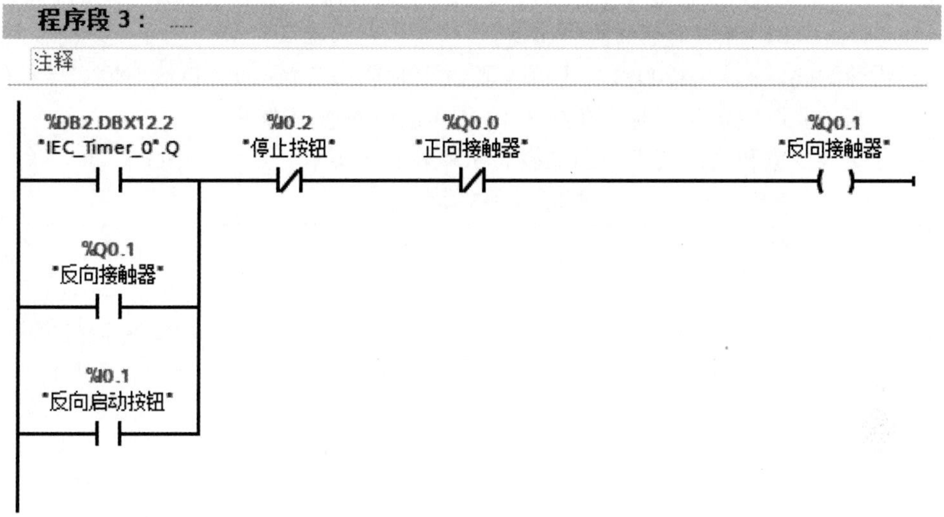

程序段3： ____

注释

图 8.8　反向启动程序

程序段4： ____

注释

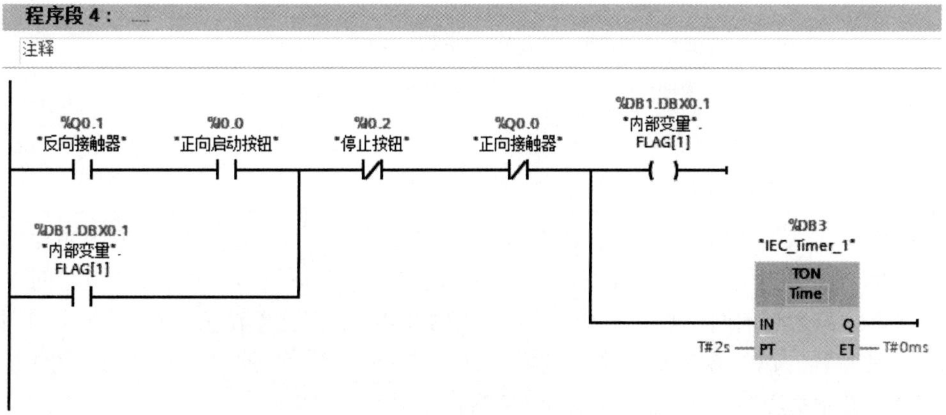

图 8.9　反向运行向正向运行转变的定时器应用

通过图 8.6 和图 8.9 可以看到起保停的另一种表达,即两种启动条件:一种是按下正向启动按钮的正常启动,另一种是反向运行过程中按下正向启动按钮延时 2 s 后的正向启动(反向启动)。

图 8.7 和图 8.9 中的反向启动按钮(正向启动按钮)前面串联正向接触器(反向接触器)是启动条件。只有在正向运行(反向运行)过程中按下反向启动按钮(正向启动按钮),才能让接通延时定时器运行。

在图 8.7 和图 8.9 中,程序都使用了接通延时定时器(TON)。S7-1200PLC 的定时器为 IEC 定时器,用户程序中可以使用的定时器数量仅受 CPU 模块的存储器容量限制。同时,S7-1200PLC 的 IEC 定时器没有定时器号,S7-200PLC 中的定时器 T0、T33、T37 则带有定时器号。IEC 定时器属于函数块,调用时需要指定配套的背景数据块,定时器的数据保存在背景数据块中。

S7-1200PLC 按照指令功能有 4 种定时器:脉冲定时器(TP)、接通延时定时器(TON)、关断延时定时器(TOF)和时间累加器(TONR)。这 4 种定时器又可分为功能框定时器和线圈型定时器两种。此外,S7-1200PLC 还包含复位定时器(RT)和加载持续时间(PT)这两个线圈指令。当需要调用定时器时,在图 8.10 所示的位置查找即可。

定时器输入变量和输出变量分别如表 8.3 和表 8.4 所示。

表 8.3　定时器输入变量

名称	说明	数据类型	备注
IN	输入位	BOOL	TP、TON、TONR: 0=禁用定时器 1=启用定时器 TOF: 0=启用定时器 1=禁用定时器
PT	设定的时间输入	TIME	—
RT	复位	BOOL	仅出现在 TONR 指令

表 8.4　定时器输出变量

名称	说明	数据类型	备注
Q	输出位	BOOL	—
ET	已计时的时间	TIME	—

定时器的 IN 端为启动输入端,在 IN 端产生上升沿,启动 TP、TON 和 TONR 的定时功能。在 IN 端产生下降沿,启动 TOF 的定时功能。PT 为预设时间值,ET 为定时开始后经过的时间,称为当前时间值,其数据类型为 32 位的 TIME,单位为 ms,最大定时时间为 T#24D_20H_31M_23S_647MS,这里的 D、H、M、S、MS 分别对应的是日、小时、分、秒、毫秒。实际使用时,可以不给 Q 和 ET 指定地址。

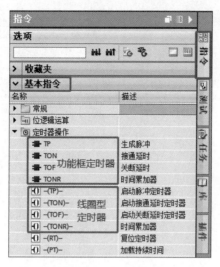

图 8.10   定时器指令位置

接下来介绍在图 8.7 和图 8.9 中调用接通延时定时器的步骤。双击图 8.10 中的功能框定时器中的"TON"按钮，就会弹出"调用选项"对话框，如图 8.11 所示。设置好数据块后，单击"确定"按钮。接通延时定时器就放置在程序段中，如图 8.12 所示。双击"IEC_Timer_0_DB"数据块，可以看到定时器的各个引脚信息，如图 8.13 所示。

图 8.11   "调用选项"对话框

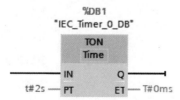

图 8.12   放置接通延时定时器

IEC_Timer_0_DB			
	名称	数据类型	起始值
1	▼ Static		
2	■ PT	Time	T#0ms
3	■ ET	Time	T#0ms
4	■ IN	Bool	false
5	■ Q	Bool	false

图 8.13　查看定时器的各个引脚信息

8.3　带时间限制功能的抢答器控制系统设计

8.3.1　控制要求

（1）抢答系统设置主持席和参赛席。

（2）抢答器能同时供 4 队使用。

（3）当主持人出完题，说出"开始"并按下开始答题按钮后，参赛队必须在 30 s 内按下抢答按钮答题，否则参赛席面前的红灯亮起，题目失效。如果有参赛队在 30 s 内抢答成功，该参赛席面前的绿灯亮起。

（4）抢答成功的参赛队必须在 30 s 内答题结束，否则视为超时，参赛席红灯亮起，绿灯熄灭，答题无效。如果在 30 s 内答题结束，按下面前的答题完毕按钮，可以将绿灯熄灭。

（5）参赛席的红灯只有在主持人按下停止按钮后才会熄灭，红灯熄灭后，才可以进行下一题的抢答。

8.3.2　案例分析

本例与 8.1 节案例的不同之处在于增加了时间限制和报警红灯。另外，根据题目的控制要求，需要用两种定时器：脉冲定时器和接通延时定时器。下面列出 I/O 地址分配，如表 8.5 所示。

表 8.5　抢答器 I/O 地址分配

输入		输出	
主持人开始按钮	I0.0	题目开始抢答指示	Q0.0
主持人停止按钮	I0.1	参赛队 1 绿灯	Q0.1
参赛队 1 抢答按钮	I0.2	参赛队 2 绿灯	Q0.2
参赛队 2 抢答按钮	I0.3	参赛队 3 绿灯	Q0.3
参赛队 3 抢答按钮	I0.4	参赛队 4 绿灯	Q0.4
参赛队 4 抢答按钮	I0.5	参赛队 1 红灯	Q0.5

输入		输出	
参赛队 1 答题完毕按钮	I0. 6	参赛队 2 红灯	Q0. 6
参赛队 2 答题完毕按钮	I0. 7	参赛队 3 红灯	Q0. 7
参赛队 3 答题完毕按钮	I1. 0	参赛队 4 红灯	Q1. 0
参赛队 4 答题完毕按钮	I1. 1	—	—

8.3.3　案例详解

抢答器梯形图程序设计如图 8.14~图 8.16 所示：

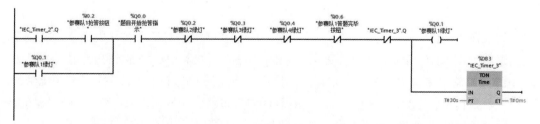

图 8.14　抢答器梯形图程序设计 1

图 8.15　抢答器梯形图程序设计 2

图 8.16　抢答器梯形图程序设计 3

上图是以参赛队 1 抢答成功为例编写的部分程序。在图 8.14 中，主持人按下开始按钮后，抢答指示灯 Q0.0 亮起，此时图 8.15 中的抢答条件成立。在参赛队 1 抢答按钮前，串联 1 个定时 30 s 的脉冲定时器的输出位。只有在脉冲定时器的输出位闭合的条件下，参赛队 1 按下抢答按钮才有效。

8.4　LED 闪烁控制

8.4.1　控制要求

LED1 以 1s 亮 1s 灭为周期闪烁，当 LED1 闪烁次数达到 10 次后熄灭，同时 LED2 常亮 3 s 后熄灭，熄灭 2s 后，重复上述动作。

8.4.2　案例分析

依题意，首先应该明确 LED1 为等周期的闪烁。本例要求计数 10 次，所以涉及应用计数器计数。S7-1200PLC 为用户提供了 3 种 IEC 计数器指令：加计数指令 CTU、减计数指令 CTD 和加减计数指令 CTUD。这 3 种计数器属于软件计数器，其最大计数频率受到 OB1 扫描周期的限制。如果需要用到频率更高的计数器，可以使用 CPU 内置的高速计数器。在用户程序中，可以使用的计数器数量仅受 CPU 的存储器容量限制。

打开 OB1，在指令面板中找到计数器指令，如图 8.17 所示。

图 8.17　计数器指令

如果在程序内使用加计数指令，就双击 CTU，在弹出的对话框中填写计数器的数据块信息，如图 8.18 所示，单击"确定"按钮，将加计数器 CTU 添加到程序段中，如图 8.19 所示。输入引脚 CU 的上升沿变化，计数器当前值 CV 就被加 1，PV 为计数器的预设值，Q 为输出，R 为复位输入，CU、R 和 Q 均为布尔型变量，而 PV 和 CV 则根据选择不同数据类型的计数器指令而不同，加计数指令的数据格式如图 8.20 所示。减计数器和加减计数器的参数也同加计数器相同，如减计数器的 CD 引脚有上升沿的变化，CV 的值就相应减 1。

当计数器计数达到不同数值时，会让它触发不同的动作，因此计数器是经常和比较指令搭配使用的。S7-1200PLC 为用户提供了多种比较指令，如图 8.21 所示。当需要"等于"操作的时候，双击图中的"CMP = ="按钮，该指令就插入程序段中，如图 8.22 所示，比较数 1 和比较数 2 是参与比较的两个数值。当需要更换比较指令的时候，可以单击指令的右上角的黄色三角按钮，更换比较指令，如图 8.23 所示。单击指令右下角的黄色三角按钮，可以选择比较指令的数据格式，方便输入比较数 1 和比较数 2 的数据，如图 8.24 所示。同时，S7-1200PLC 为用户提供了变量的比较指令，可以处理 Variant 类型变量的指令。

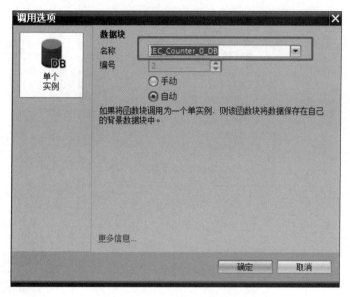

图 8.18　填写计数器的数据块信息

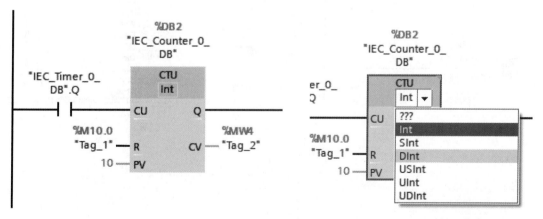

图 8.19　添加加计数器 CTU　　　　图 8.20　加计数指令的数据格式

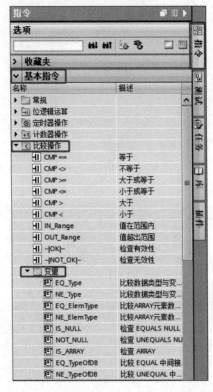

图 8.21　多种比较指令

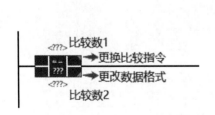

图 8.22　添加"CMP＝＝"指令

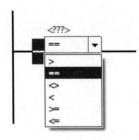

图 8.23　更换比较指令

图 8.24　选择数据格式

LED 闪烁控制的 I/O 地址分配如表 8.6 所示。

表 8.6　LED 闪烁控制的 I/O 地址分配

输入		输出	
开始按钮	I0.0	LED1	Q0.0
停止按钮	I0.1	LED2	Q0.1

8.4.3 案例详解

LED 闪烁控制程序如图 8.25~图 8.30 所示。

图 8.25　LED 闪烁控制程序 1

图 8.26　LED 闪烁控制程序 2

图 8.27　LED 闪烁控制程序 3

图 8.28　LED 闪烁控制程序 4

图 8.29　LED 闪烁控制程序 5

图 8.30　LED 闪烁控制程序 6

图 8.26 和图 8.27 为 LED1 闪烁控制程序，该功能是通过两个 TP 定时器的振荡实现的。计数功能则是通过图 8.27 中的加计数器和图 8.28 的比较指令配合完成的。

模拟量采集及数据处理应用案例

在自动控制系统中，模拟量是指连续变化的量，如电压、电流、流量、液位、压力、温度、湿度以及重量等。这些在现场采集的数据是不能直接被 PLC 利用的，需要经过逆变器将这些工程信号转成标准的模拟量信号，再经过模拟量通道将标准的模拟量信号转成 0~27 648 的工程量后才能被 PLC 识别。本章将用两个实例分别对重量和流量的采集以及数据处理进行较为详细的讲解。

9.1　物料称重的数据采集及处理

9.1.1　控制要求

已知物料 C 是由 A 和 B 两种原料按照 1∶2 的比例混合而成的，现在需要将原料 A 和 B 按照比例分别注入装有称重传感器的混合器中。原料达到设定重量后，在混合器中搅拌 20 min，进入下一个环节。

称重搅拌系统结构如图 9.1 所示。

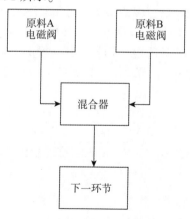

图 9.1　称重搅拌系统结构

卡，如图9.2所示。通过通道0(IW64)读入两种原料的重量。S7-1200PLC自带的模拟量通道，默认是0~10 V的电压信号。因为是在实验室环境中，干扰因素比较少，读取的数据相对稳定，所以滤波选用4个周期。本例的主要梯形图程序如图9.3~图9.8所示。

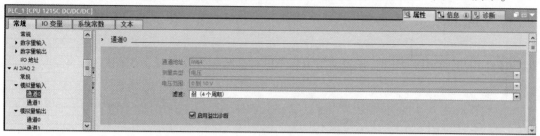

图 9.2　通道 0 的"属性"选项卡

图 9.3　读入数据指令

图 9.4　标度变换程序

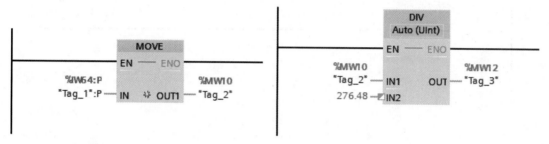

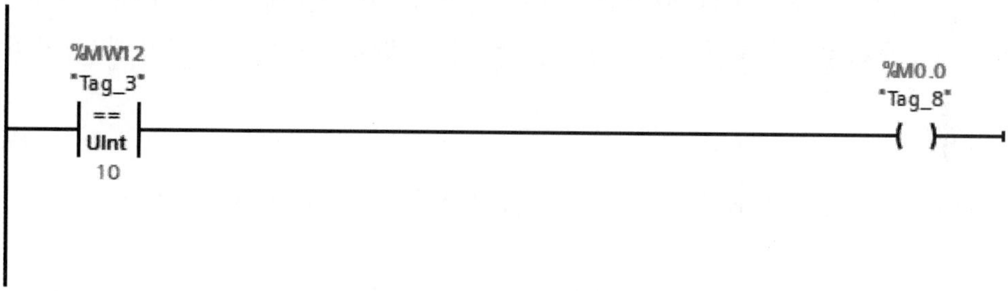

图 9.5　原料 A 到设定值

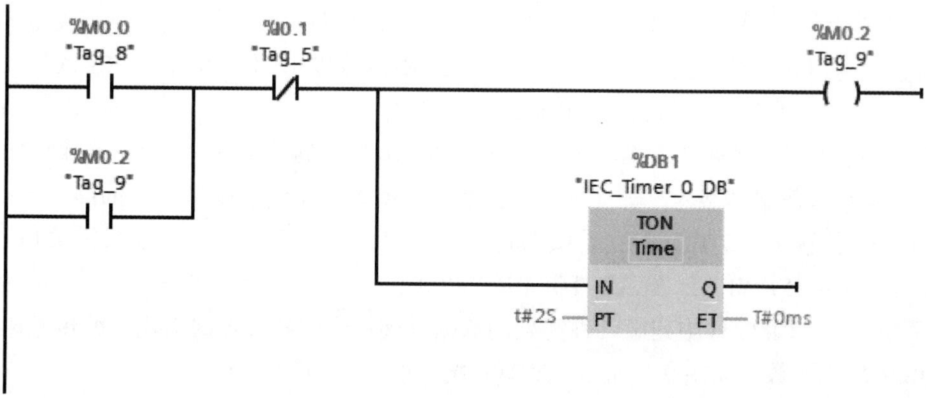

图 9.6　定时 2 s

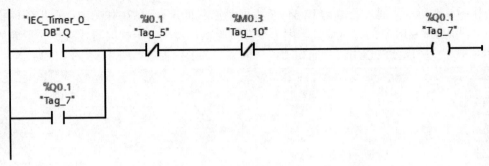

图 9.7　原料 B 泵启动

图 9.8　原料 B 达到设定值

IW64 读入的是混合器内当前重量的工程量。在地址 MW12 中存放的是原料经过变换后的当前重量值。当原料 A 达到设定值 10 L 后，M0.0 闭合，断开原料 A 的进料泵 Q0.0。定时 2 s 后，原料 B 的进料泵 Q0.1 打开。当原料 B 的重量达到 20 L 的时候，断开进料泵 Q0.1。

2. MOVE 指令

本例中使用的是 MOVE 指令，当 EN 条件满足的时候，实现相同数据类型的变量间的传输。

LAD 传输字符串需要使用 S_MOVE 指令，但是传输字符串中的字符需要使用 MOVE 指令。同时，S7-1200PLC 支持通过一个 MOVE 指令将一个变量传输给多个变量，但是该功能不支持传输复杂数据类型(DTL、结构、数组等)或字符串中的字符。传输数组时，要求元素数据类型和元素个数必须完全一样，数组限值可以不同。例如，ARRAY[0..1] of Byte 可以 MOVE 到 ARRAY[0..2] of Byte。

需要注意的是，若输入数据类型的位长度超出输出数据类型的位长度，则源值的高位会丢失。若输入数据类型的位长度低于输出数据类型的位长度，则目标值的高位会被改写为 0。REAL 传输至 DWORD 时，是按照位进行传输的，而不是取整。如果需要取整，可以用 ROUND 或 CONVERT_REAL_TO_DINT 指令。

下面通过在 DB25 块中列出各种类型的数据，逐一介绍各种数据格式下的传输语句。DB25 块中的数据如图 9.9 所示，MOVE 指令的位置如图 9.10 所示。

DB25		
名称	数据类型	起始值
▼ Static		
Static_1	Int	0
Static_2	Int	0
Static_3	Int	0
▶ Static_4	Array[0..1] of Byte	
▶ Static_5	Array[1..2] of Byte	
▶ Static_6	"Ser"	
▶ Static_7	"Ser"	
Static_8	String[10]	''
Static_9	Char	' '
▶ Static_10	DTL	DTL#1970-01-01-00:00:00
Static_11	UInt	0

图 9.9　DB25 块中的数据

▼ 基本指令		
名称	描述	版本
▶ ☐ 常规		
▶ ☐ 位逻辑运算		V1.0
▶ ☐ 定时器操作		V1.0
▶ ☐ 计数器操作		V1.0
▶ ☐ 比较操作		
▶ ☐ 数学函数		V1.0
▼ ☐ 移动操作		V2.2
MOVE	移动值	
Deserialize	反序列化	V2.0
Serialize	序列化	V2.0
MOVE_BLK	移动块	
MOVE_BLK_VARIANT	存储区移动	V1.2
UMOVE_BLK	不可中断的存储区移动	
FILL_BLK	填充块	
UFILL_BLK	不可中断的存储区填充	
SCATTER	将序列解析为单个位	V1.1
SCATTER_BLK	将 ARRAY 型位序列中的元素解析为单个位	V1.1
GATHER	将单个位组合成一个位序列	V1.1
GATHER_BLK	将单个位组合成 ARRAY 型位序列中的多个元素	V1.1
SWAP	交换	
▶ ☐ 变量		
▶ ☐ ARRAY[*]		
▶ ☐ 原有		

图 9.10　MOVE 指令的位置

（1）将单个基本数据传输至两个地址中，如图 9.11 所示。

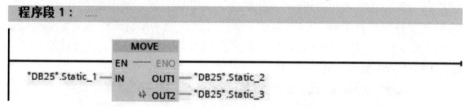

图 9.11　单个基本数据传输

（2）数组的传输，如图 9.12 所示。

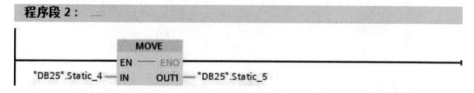

图 9.12　数组的传输

（3）UDT 的传输，如图 9.13 所示。

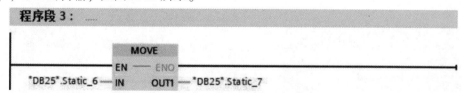

图 9.13　UDT 的传输

(4)字符串的传输，如图 9.14 所示。

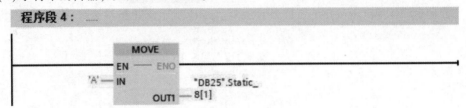

图 9.14　字符串的传输

(5)DTL 中变量的传输，如图 9.15 所示。

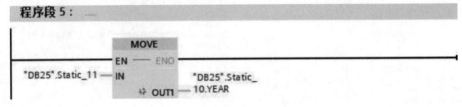

图 9.15　DTL 中变量的传输

(6)DB 块整体之间的传输。

要想进行 DB 块整体之间的传输，DB 块必须为非优化块，或者将优化 DB 块的存储器预留区域与预留可保持性存储器设置为 0 字节，并且两个 DB 块结构必须完全相同。

以 DB62 块为例，存储器预留区域设置如图 9.16 所示，DB62 块整体传输如图 9.17 所示，DB62 块整体传输程序如图 9.18 所示。

图 9.16　存储器预留区域设置

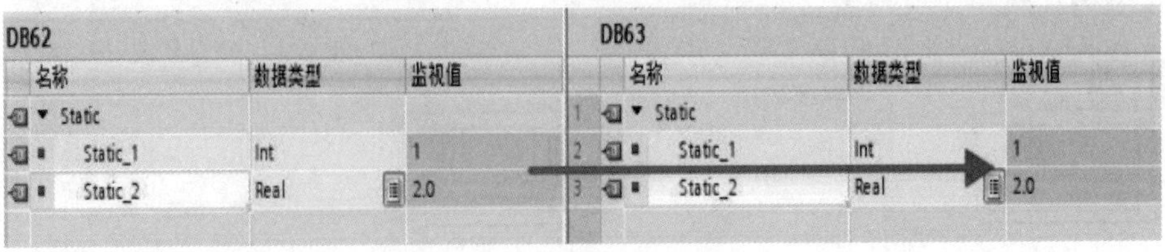

DB62				DB63			
名称	数据类型	监视值		名称	数据类型	监视值	
▼ Static				▼ Static			
■　Static_1	Int	1		■　Static_1	Int	1	
■　Static_2	Real	2.0		■　Static_2	Real	2.0	

图 9.17　DB62 块整体传输

程序段 6：
MOVE
EN
ENO
%DB62
"DB62"
IN
OUT1
%DB63
"DB63"

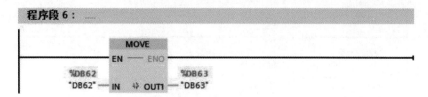

图 9.18　DB62 块整体传输程序

S7-1200PLC 除 MOVE 指令外，还有类似的 MOVE_BLK 指令，MOVE_BLK 指令的作用是当 EN 条件满足后，实现相同数组之间部分元素的传输。MOVE_BLK 指令和 UMOVE_BLK 指令的区别是 UMOVE_BLK 指令不会被中断打断，并且最多是 16KB 的数据量。

MOVE_BLK 指令和 UMOVE_BLK 指令的位置如图 9.19 所示。

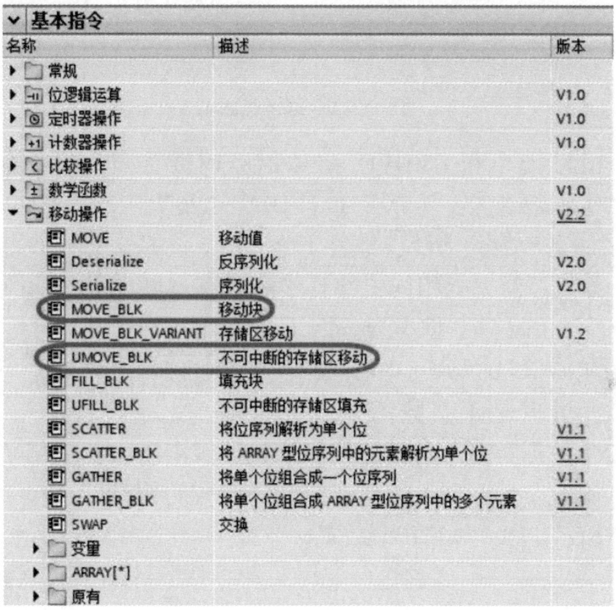

基本指令
名称
描述
版本
常规
位逻辑运算 V1.0
定时器操作 V1.0
计数器操作 V1.0
比较操作
数学函数 V1.0
移动操作 V2.2
MOVE 移动值
Deserialize 反序列化 V2.0
Serialize 序列化 V2.0
MOVE_BLK 移动块
MOVE_BLK_VARIANT 存储区移动 V1.2
UMOVE_BLK 不可中断的存储区移动
FILL_BLK 填充块
UFILL_BLK 不可中断的存储区填充
SCATTER 将位序列解析为单个位 V1.1
SCATTER_BLK 将 ARRAY 型位序列中的元素解析为单个位 V1.1
GATHER 将单个位组合成一个位序列 V1.1
GATHER_BLK 将单个位组合成 ARRAY 型位序列中的多个元素 V1.1
SWAP 交换
变量
ARRAY[*]
原有

图 9.19　MOVE_BLK 指令和 UMOVE_BLK 指令的位置

MOVE_BLK 指令和 UMOVE_BLK 指令的用法如图 9.20 所示。

MOVE_BLK
EN
ENO
IN
OUT
COUNT
MOVE_BLK(IN:=_byte_in_,
COUNT:=_uint_in_,
OUT=>_byte_out_);
UMOVE_BLK
EN
ENO
IN
OUT
COUNT
UMOVE_BLK(IN:=_byte_in_,
COUNT:=_uint_in_,
OUT=>_byte_out_);

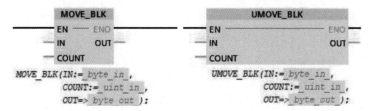

图 9.20　MOVE_BLK 指令和 UMOVE_BLK 指令的用法

MOVE-BLK 的程序如图 9.21 所示。

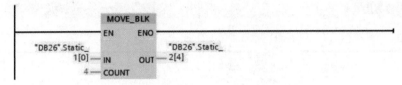

图 9.21 MOVE_BLK 的程序

通过监视，可以发现图 9.22 所示的运行数据。

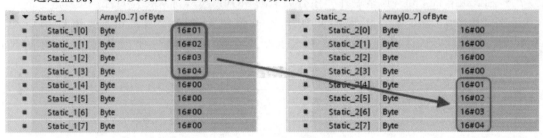

图 9.22 运行数据

在使用 MOVE_BLK 指令和 UMOVE_BLK 指令时要注意，IN 和 OUT 必须是数组的一个元素，如"DB26". STATIC_1[0]，而不能是常数、常量、普通变量，也不能是数组名。IN 和 OUT 类型必须完全相同，并且必须是基本数据类型，不能是 UDT、Struct 等数据类型。IN 是源数组中传输的起始元素，OUT 是目的数组中接收的起始元素。COUNT 是传输个数，可以是正整数，如果是变量，支持 USINT、UNIT、UDINT 数据类型。若目的数组接收区域小于源数组的传输区域，则只传输目的数组可以接收的区域的数据。若激活指令的 ENO 功能，则 ENO 为 False。

3. 运算指令

S7-1200PLC 为用户提供了加（ADD）、减（SUB）、乘（MUL）、除（DIV）、取余（MOD）等多种运算指令，如图 9.23 所示。本例将使用 DIV 指令。

当需要更换指令的时候，除了可以在图 9.23 所示位置选择所需的指令，还可以单击指令右上角的标识处（即图 9.24 中的"1"处），会出现下拉菜单。在下拉菜单中显示的是可以更换的指令，如图 9.25 所示，此处有 SUB、ADD、MUL、DIV 以及 MOD 指令。下面简要介绍运算指令的基本用法和注意事项。

指令	
选项	
	HH HH 号 号
> 收藏夹	
▼ 基本指令	
名称	描述
▶ ⊙ 定时器操作	
▶ +1 计数器操作	
▶ < 比较操作	
▼ ± 数学函数	
⊞ CALCULATE	计算
⊞ ADD	加
⊞ SUB	减
⊞ MUL	乘
⊞ DIV	除法
⊞ MOD	返回除法的余数
⊞ NEG	求二进制补码
⊞ INC	递增
⊞ DEC	递减
⊞ ABS	计算绝对值
⊞ MIN	获取最小值
⊞ MAX	获取最大值
⊞ LIMIT	设置限值
⊞ SQR	计算平方
⊞ SQRT	计算平方根
⊞ LN	计算自然对数
⊞ EXP	计算指数值
⊞ SIN	计算正弦值
⊞ COS	计算余弦值
⊞ TAN	计算正切值
⊞ ASIN	计算反正弦值
⊞ ACOS	计算反余弦值
⊞ ATAN	计算反正切值
⊞ FRAC	返回小数
⊞ EXPT	取幂

图 9.23 运算指令

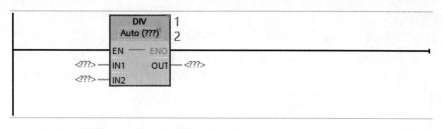

图 9.24 除法指令

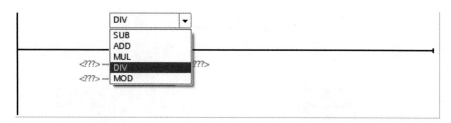

图 9.25 可以更换的指令

（1）DIV 指令。

单击图 9.24 中的"2"处，也会出现下拉菜单，此下拉菜单中显示的是 DIV 指令的数据格式，如图 9.26 所示。用户可以根据需要选择合适的数据格式，也可以在 IN1 和 IN2 引脚输入数据地址，等待指令根据地址格式自动选择数据格式。需要注意的是，在后一种情况下，DIV 指令可能会分辨不出双字格式和浮点数格式。另外，在图 9.27 中可以清楚地看到 DIV 指令计算后在 OUT 端输出的是商，不包含余数。如果需要输出余数，可以选择 MOD 指令。

图 9.26 DIV 指令的数据格式

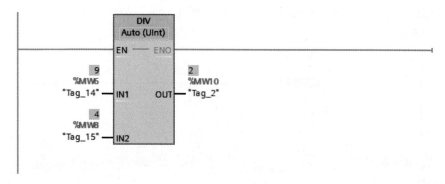

图 9.27 DIV 指令用法

(2)MOD 指令。

与 DIV 指令相同, MOD 指令(见图9.28)在相同的位置也有下拉菜单, 也可以重新选择其他运算指令和数据格式。例如, 当计算9÷4的时候, 可以先用 DIV 指令输出商, 再用 MOD 指令输出余数, 即商是2, 余数是1。DIV 和 MOD 指令的应用如图9.29 所示。

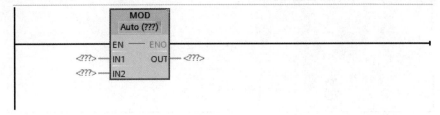

图 9.28 MOD 指令

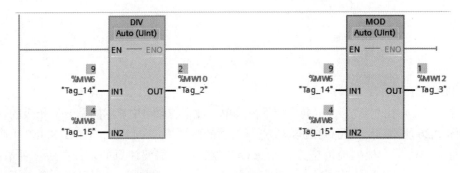

图 9.29 DIV 和 MOD 指令的应用

(3)ADD 指令。

ADD 指令如图9.30 所示。

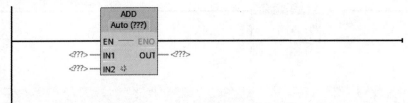

图 9.30 ADD 指令

单击"Auto"处, 会出现下拉菜单, 如图9.31 所示。在下拉菜单中, 可以看到 ADD 指令能使用的各种数据格式。

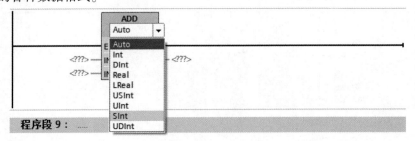

图 9.31 ADD 指令的下拉菜单

ADD 指令应用示例如图 9.32 所示，IN1 和 IN2 是数据输入引脚，当单击 IN2 旁边的 "＊"时，可以增加输入引脚的数量。图 9.32 所示的程序就是将 MW0 和 MW2 中的数据相加后，将结果存入 MW4 中，即 IN1+IN2=OUT。

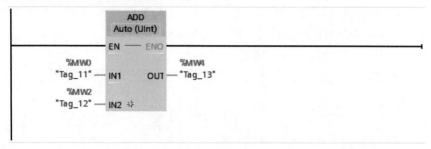

图 9.32　ADD 指令应用示例

MUL 指令和 SUB 指令的用法可以参照 DIV 指令和 ADD 指令，这里就不再赘述了。

9.2　液体流量的数据采集与处理

液体流量的数据采集对于流程行业自动化系统非常重要，如化工行业中的液氯、硫酸、硫酸铜、氨水等液体流量的数据采集，石化行业中的石油、汽油等液体流量的数据采集，食品行业中的牛奶、汁液、酱料、果汁等液体流量的数据采集。因此，掌握液体流量的数据采集与处理非常重要。

9.2.1　控制要求

将管道中某液体的流量数据采集到 PLC 内，并在地址 MW100 内显示。

9.2.2　案例分析

本例使用的流量计输出范围为 0~1 L/min，输出信号为 0~10 V。需要注意的是，读入 PLC 的仍旧是工程量的值，需要进行标度变换将其转变成物理量的值，在 MW100 中进行显示。

9.2.3　案例详解

因为本例验证的实验设备为某一过程控制设备的一部分，所以 I/O 地址分配同表 9.1。

流量计的输出值为 0~10 V，有

$$\frac{XV}{10\ V} = \frac{Y}{27\ 648}$$

由上式得到

$$Y = 2\ 764.8X$$

根据流量计的输出范围可知，1 V 对应 0.1 L/min 的液体流速，由此得到

$$X = 0.1Z$$

$$Y = 276.48X$$

其中，X 表示 0~10 V 电压，Y 表示流量，Z 表示流速。

　　打开 TIA Portal 软件，在硬件组态界面单击 PLC 的属性，打开通道 0 的"属性"选项卡，如图 9.33 所示。通过通道 0(IW64) 读入流量的工程量值，S7-1200PLC 自带的模拟量通道默认是 0~10 V 的单极性电压信号。因为是在实验室环境中，干扰因素比较少，读取的数据相对稳定，所以滤波选用 4 个周期。

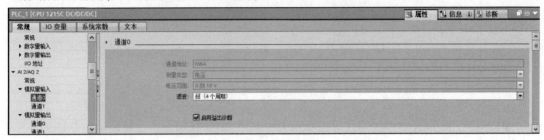

图 9.33　通道 0 的"属性"选项卡

　　图 9.34~图 9.36 分别为读入数据指令、工程量计算程序及流量物理值显示程序。

图 9.34　读入数据指令

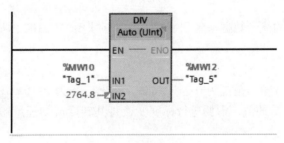

图 9.35　工程量计算程序

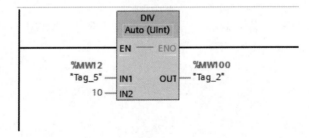

图 9.36　流量物理值显示程序

运动控制应用案例

在大学生创新竞赛的作品中，步进电机、直流电机和变频器的应用是非常普遍的。在选择不同型号 PLC 的时候，需要了解 PLC 支持几轴输出。那么，这个轴表示什么意思呢？什么样的 PLC 支持轴输出呢？

西门子的 PLC 在运动控制中使用了轴的概念。在这里，轴表示驱动的工艺对象。通过对轴进行组态(包括硬件接口、位置定义、动态特性及机械特性等)，可实现绝对位置、相对位置、点动、转速控制及自动寻找参考点的功能。驱动表示步进电机加电源部分或伺服驱动加脉冲接口转换器的机电单元，驱动是由 CPU 产生脉冲对轴工艺对象操作进行控制的。工艺对象从用户程序中收到运动控制命令，在运行时执行并监视执行状态。需要注意的是，只有晶体管型 PLC 才能使用 PTO(脉冲串输出)，而继电器型 PLC 仅可访问信号板的脉冲发生器输出。

在运动控制中，必须对工艺对象进行组态才能应用控制指令块，工艺对象的组态包含以下 3 部分：参数组态、控制面板、诊断面板。

参数组态主要定义了轴的工程单位(如每秒脉冲数 pps、每分钟转速 rpm)、软硬件限位、启动/停止速度及参考点等。

TIA Portal 软件提供了控制面板以调试驱动设备，测试轴和驱动功能。控制面板允许用户设置主控制、轴、命令、当前值和轴状态等。

在项目树中打开已添加的轴工艺对象，双击"诊断"按钮即可打开诊断面板，其中包括状态和错误位、运动状态和动态设置。

10.1 步进电机的控制

10.1.1 控制要求

设计一个机械手的控制程序，要求如下。

(1)通过步进电机的限位点确定机械手的初始位置。

（2）通过不同的输入信号控制机械手的步进电机转动不同的角度。

（3）放置完物料后恢复到初始化位置。

10.1.2 案例分析

什么是步进电机？步进电机是一种将电脉冲信号转化为转轴角位移的特殊电机，当驱动器接收到脉冲信号时，它就驱动步进电机转动相应的角度，步进电机如图 10.1 所示。在机械臂控制过程中，可以通过调节脉冲个数来控制电机旋转角度，并与行星减速器配合驱动机械臂关节，同时也可以通过调节脉冲频率来控制关节旋转的速度与加速度，从而完成对末端执行器与各关节的轨迹规划。步进电机由于其精准的定位能力和不需要反馈系统即可控制位置的特性，被广泛应用于需要精确控制运动位置的设备和系统中，如机器人、自动化设备、数码相机中的焦平面快门等。CPU 可用驱动器的数目取决于 PTO 和可用的脉冲发生器输出数目，每个配备工艺版本 V4 的 CPU 都可使用 4 个 PTO，也就是说最多可以控制 4 个驱动器。根据 PTO 的信号类型，每个 PTO 需要 1~2 个脉冲发生器输出。步进电机驱动器如图 10.2 所示。

分拣系统是现代工业自动化中经常使用的设备，广泛应用在物流、仓储以及机械加工等场合。在本例中，寻找原点位置是控制机械手的关键，所有的位置均为原点位置的延伸，首先需要通过步进电机限位信号找到原点位置，再通过左转信号和右转信号控制步进电机的脉冲和方向。依题意，列出机械手的 I/O 地址分配，如表 10.1 所示。

图 10.1　步进电机　　　　图 10.2　步进电机驱动器

表 10.1　机械手的 I/O 地址分配

输入信号	输入 I/O 地址	输出信号	输出 I/O 地址
启动信号	M10.0	脉冲信号	Q0.0
急停信号	I0.2	方向信号	Q0.1

续表

输入信号	输入 I/O 地址	输出信号	输出 I/O 地址
左转信号	I0. 0	—	—
右转信号	I0. 1	—	—
步进电机左限位信号	I0. 3	—	—
步进电机右限位信号	I0. 4	—	—

10. 1. 3 案例详解

(1) PWM 模块驱动。

在 TIA Portal 软件中打开程序块，进行 PWM 编程。在指令选件的“扩展指令”的“脉冲”文件夹中可以找到 CTRL_PWM 指令。可以通过双击或拖曳的方式把 CTRL_PWM 指令放到程序编辑区，如图 10. 3 所示。

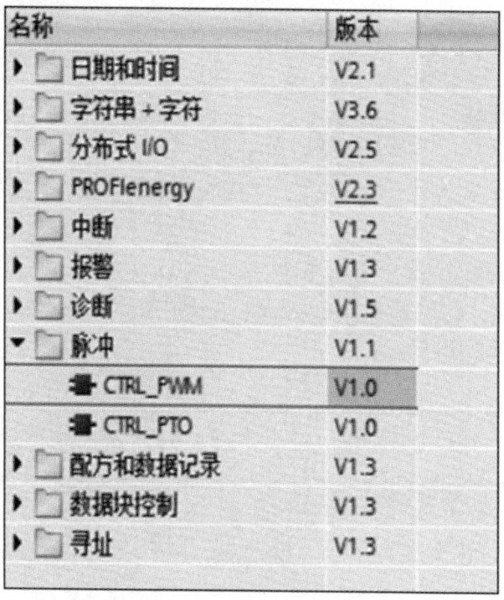

名称
版本
日期和时间
V2.1
字符串 + 字符
V3.6
分布式 I/O
V2.5
PROFIenergy
V2.3
中断
V1.2
报警
V1.3
诊断
V1.5
脉冲
V1.1
CTRL_PWM
V1.0
CTRL_PTO
V1.0
配方和数据记录
V1.3
数据块控制
V1.3
寻址
V1.3

图 10. 3 选择扩展指令

设置驱动模块，启动电机 M10. 0 为 1 时，启动驱动模块。在软件中，通过 CTRL_PWM 指令可启用和禁用 CPU 脉冲输出。脉冲发生器指令如图 10. 4 所示。

%DB1
"CTRL_PWM_DB_1"
CTRL_PWM
EN
ENO
265
"Local~Pulse_1"
PWM
BUSY
STATUS
%M10.0
"启动电机"
ENABLE

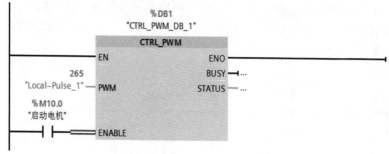

图 10. 4 脉冲发生器指令

置位该指令 ENABLE 位时，启用脉冲输出。若 ENABLE 的值为 True，则脉冲发生器将生成一个设备组态中所定义属性的脉冲。复位该指令 ENABLE 位或 CPU 切换为 STOP

模式时，将禁止脉冲输出且不再生成脉冲。

由于在执行指令 CTRL_PWM 时 S7-1200PLC 将激活脉冲发生器，所以 S7-1200PLC 中 BUSY 的值始终为 False。

仅当使能输入 EN 的信号状态为 1 且指令的执行过程中无任何错误时，才置位使能输出 ENO。

表 10.2 列出了 CTRL_PWM 指令的参数。

表 10.2　CTRL_PWM 指令的参数

参数	声明	数据类型	储存区	说明
PWM	Input	HW_PWM	L、Q、M、D、L 或常量	脉冲发生器的硬件 ID
ENABLE	Input	BOOL	L、Q、M、D、L 或常量	脉冲输出在 ENABLE 为 True 时启用，而在 ENABLE 为 False 时禁用
BUSY	Output	BOOL	L、Q、M、D、L	处理状态，标识 CPU 是否正在发 PWM 脉冲
STATUS	Output	WORD	L、Q、M、D、L	指令状态，当 STATUS 为 0 时表示无错误，STATUS 非 0 时表示 PWM 指令错误

左转程序如图 10.5 所示。

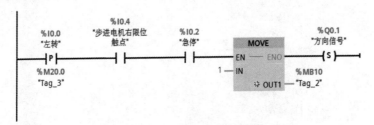

图 10.5　左转程序

左转时，如果没有按下急停按钮，那么急停信号为 1，当按下时，急停信号为 0。当步进电机到达步进电机右限位触点，步进电机右限位触点为 1。当有左转信号时，用 MOVE 指令将 1 输入 MB10，这时 M10.0 为 1，将启动脉冲信号。这时将方向信号置 1，实现左转。当没有步进电机右限位触点信号或有急停信号时，该程序将无法作用。

右转程序如图 10.6 所示。

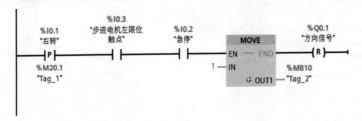

图 10.6　右转程序

右转时，如果没有按下急停按钮，那么急停信号为 1，当按下时，急停信号为 0。当步进电机到达步进电机左限位触点，步进电机左限位触点为 1。当有右转信号时，用 MOVE 指令将 1 输入 MB10，这时 M10.0 为 1，将启动脉冲信号。这时将方向信号置 0，实现右转。当没有步进电机左限位触点信号或有急停信号时，该程序将无法作用。

在"常规"选项卡中勾选"启用该脉冲发生器"复选框，可以给该脉冲发生器起一个名字，也可以不做修改，使用软件默认设置值，还可以对该 PWM 脉冲发生器添加注释说明，如图 10.7 所示。

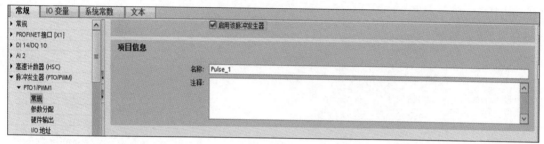

图 10.7　启用脉冲发生器

根据需要设置相应的参数，如图 10.8 所示。

图 10.8　设置参数

"参数分配"部分对 PWM 脉冲的周期单位、脉冲宽度做了定义。

①信号类型：用于选择脉冲类型，有"PWM"和"PTO"两个选项，其中"PTO"又分成 4 种，这里选择"PWM"选项。

②时基：用来设定 PWM 脉冲周期的时间单位，在 PWM 模式下，时基单位包括 ms 和 μs。

③脉宽格式：用来定义 PWM 脉冲的占空比档次，包括"百分之一""千分之一""万分之一""S7 模拟量格式"4 个选项。"百分之一"表示把 PWM 脉冲周期分成 100 等份，以 1/100 为单位来表示一个脉冲周期中脉冲的高电平，也可以理解成 1/100 是 PWM 脉冲周期中高电平的分辨率。"千分之一"和"万分之一"相应地把 PWM 的周期分成更小的等份，分辨率更高。"S7 模拟量格式"表示把 PWM 的周期划分成 27 648 等份，以 1/27 648 为单位来表示一个脉冲周期中脉冲的高电平，S7-1200PLC 的模拟量量程范围为 0～27 648 或 -27 648～27 648。

④循环时间：表示 PWM 脉冲的周期时间，TIA Portal 软件中对"循环时间"限定的范

围为 1~16 777 215。

⑤初始脉冲宽度：表示 PWM 脉冲周期中的高电平的脉冲宽度，可以设定的范围值由"脉宽格式"确定。例如，若"脉宽格式"选择了"万分之一"选项，则"初始脉冲宽度"可以设定的范围值为 0~10 000。同理，若"脉宽格式"选择了"S7 模拟量格式"选项，则"初始脉冲宽度"可以设定的范围值为 0~27 648。若设定值为 0，则 PLC 没有脉冲发出。

根据需要选择 S7-1200PLC 上的合适的脉冲输出点为 Q0.0 点，作为 PWM 输出，如图 10.9 所示。

图 10.9　选择合适的脉冲输出点

（2）PTO 模块驱动。

在"常规"选项卡中选择 PTO 轴驱动，可以给该脉冲发生器起一个名字，也可以不做修改，使用软件默认设置值，还可以对该 PTO 脉冲发生器添加注释说明，如图 10.10 所示。

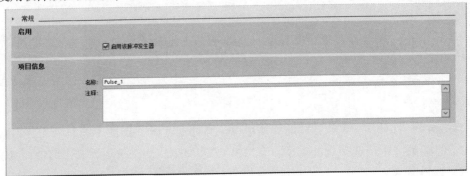

图 10.10　选择 PTO 轴驱动

设置参数，如图 10.11 所示。

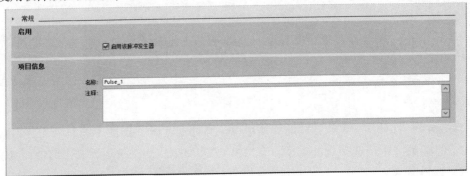

图 10.11　设置参数

PTO 输出模式仅需定义信号类型, PTO 脉冲输出有以下 4 种方式。

①PTO(脉冲 A 和方向 B): 这种方式是比较常见的"脉冲+方向"方式, 其中 A 点用来产生高速脉冲串, B 点用来控制轴运动的方向。

②PTO(正数 A 和倒数 B): 在这种方式下, 若 A 点产生脉冲串, B 点为低电平, 则电机正转; 若 A 为低电平, B 产生脉冲串, 则电机反转。

③PTO(A/B 相移): 这种方式也就是常见的 AB 正交信号, 当 A 相超前 B 相 1/4 周期时, 电机正转; 当 B 相超前 A 相 1/4 周期时, 电机反转。

④PTO(A/B 相移-四倍频): 检测 AB 正交信号两个输出脉冲 的上升沿和下降沿, 一个脉冲周期有四沿两相(A 和 B), 因此输出中的脉冲频率会减小到 1/4。

选择新增工艺对象, 如图 10.12 所示。无论是开环控制还是闭环控制, 每一个轴都需要添加一个工艺对象。新增的工艺对象如图 10.13 所示。

图 10.12 选择新增工艺对象

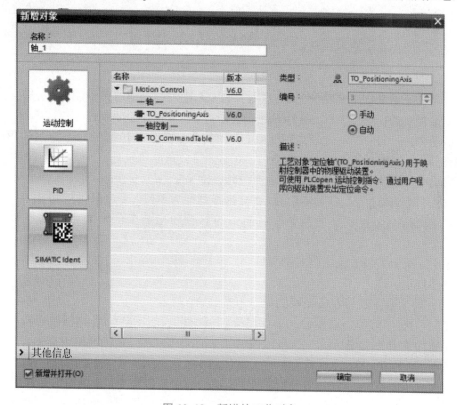

图 10.13 新增的工艺对象

新增的工艺对象有两个: TO_PositioningAxis 和 TO_CommandTable。每个轴都至少需要一个工艺对象。

图 10.14 所示为轴驱动模块。

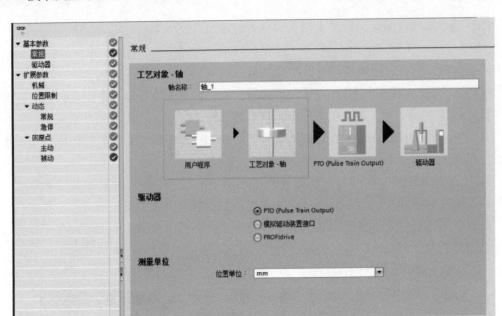

图 10.14　轴驱动模块

①轴名称：定义该工艺轴的名称，用户可以采用系统默认值，也可以自行定义。

②驱动器：选择通过 PTO(CPU 输出高速脉冲)的方式控制驱动器

③测量单位：TIA Portal 软件提供了几种轴的测量单位，包括脉冲、距离和角度。距离单位有 mm(毫米)、m(米)、in(英寸)、ft(英尺)；角度单位是°。

如果是线性工作台，一般都选择线性距离单位 mm、m、in、ft；旋转工作台可以选择°(360°)。不管是什么情况，用户都可以直接选择脉冲为单位。

测量单位是一个很重要的参数，后面轴的参数和指令中的参数都是基于该单位设定的。

图 10.15 所示为设置输出信号图界面。

①硬件接口。

a. 脉冲发生器：选择在设备视图中已组态的 PTO。

b. 信号类型：信号分成 4 种，前面已介绍过，根据驱动器信号类型进行选择。这里以"PTO(脉冲 A 和方向 B)"为例进行说明。

c. 脉冲输出：根据实际配置自由定义脉冲输出点，或者选择系统默认脉冲输出点。

d. 激活方向输出：设置是否使能方向控制位。若"信号类型"选择了"PTO(正数 A 和倒数 B)"或"PTO(A/B 相移)"或"PTO(A/B 相移-四倍频)"选项，则该处是灰色的，用户不能修改。

e. 方向输出：根据实际配置自由定义方向输出点，或者选择系统默认方向输出点，也可以去掉方向控制点，在这种情况下，用户可以选择其他输出点作为驱动器的方向信号。

f. 设备组态：单击该按钮，可以打开设备视图，方便用户回到 CPU 设备属性修改组态。

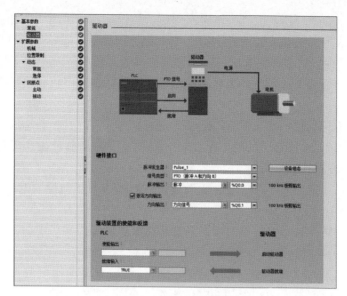

图 10.15　设置输出信号图界面

②驱动装置的使能和反馈。

a. 使能输出：步进或伺服驱动器一般都需要一个使能信号，该使能信号的作用是让驱动器通电。在这里，用户可以组态一个 DO 点作为驱动器的使能信号。当然也可以不配置使能信号，这里为空。

b. 就绪输入：就绪信号指的是，如果驱动器在接收到驱动器使能信号之后准备好开始执行运动，会向 CPU 发送"驱动器准备就绪"（Drive ready）信号。这时，在"?"处可以选择一个 DI 点作为输入 PLC 的信号。若驱动器不包含此类型的任何接口，则无须组态这些参数。这种情况下，在"就绪输入"选项中，选择 True。

在"脉冲输出"中，设置脉冲输出信号点为 Q0.0，设置方向输出信号为 Q0.1。

设置步进电机的界面如图 10.16 所示。

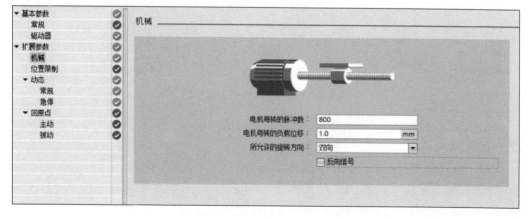

图 10.16　设置步进电机的界面

①电机每转的脉冲数：电机旋转一周需要接收多少个脉冲。该数值是根据用户的电机参数进行设置的。

②电机每转的负载位移：电机每旋转一周机械装置移动的距离。例如，有一个直线工作台，电机每转一周，机械装置前进1mm，则该处设置成1.0mm。若用户在前面的"测量单位"中选择了"脉冲"选项，则电机每转的负载位移的参数单位就变成了"脉冲"，表示的是电机每转的脉冲个数，在这种情况下，电机每转的脉冲数和电机每转的负载位移的参数一样。

③所允许的旋转方向：此选项有"双向""正方向""负方向"3个选项，表示电机允许的旋转方向。若尚未在"PTO(脉冲A和方向B)"模式下激活脉冲发生器的方向输出，则选择受限于正方向或负方向。

④反向信号：如果使能反向信号，效果是当PLC端进行正向控制电机时，电机实际是反向旋转。

要确定电机每转的脉冲数，第一步是确定步进电机的步距角。电机上一般会标明此角度，本例为1.8°，则360÷1.8=200，也就是说电机旋转一周需要每转步数为200。第二步是确定电机驱动器是否设置了细分，查清细分数，可以看驱动器上的拨码。本例为4细分，200×4=800，也就是说800个脉冲电机才旋转一周。根据步进电机的细分数，设置步进电机的每分钟脉冲数为800。

设置步进电机触点界面如图10.17所示。

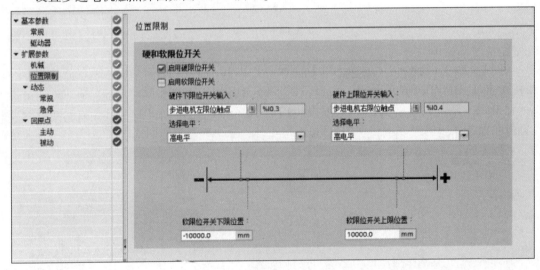

图10.17 设置步进电机触点界面

①启用硬限位开关：激活硬件限位功能，设置步进电机左限位触点为I0.3，步进电机右限位触点为I0.4。

②启用软件位开关：激活软件限位功能。

③硬件上/下限位开关输入：设置硬件上/下限位开关输入点，可以是S7-1200PLC CPU本体上的DI点。

④选择电平：设置硬件上/下限位开关输入点的有效电平，一般设置成高电平有效。

⑤软限位开关上/下限位置：设置软件位置点，用距离、脉冲或角度表示。

设置加速度和减速度界面如图10.18所示。

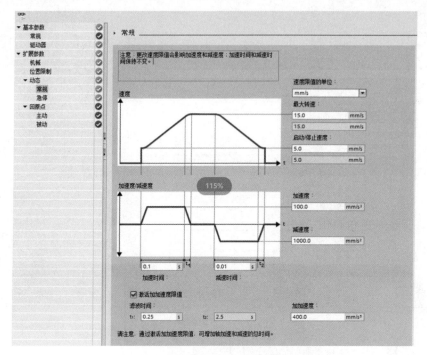

图 10.18 设置加速度和减速度界面

①速度限值的单位：设置"最大转速"和"启动/停止速度"的显示单位。无论前面"常规"中的"测量单位"选择了怎样的单位，软件中都会有两种显示单位是默认可以选择的。根据前面"测量单位"的不同，可以选择的选项也不同。例如，本例中在"常规"中的"测量单位"选择了"mm"选项，这样此处除了系统中默认的两种单位外，就又多了一个"mm/s"选项。

②最大转速：设置电机的最大转速。最大转速由 PTO 输出最大频率和电机允许的最大速度共同限定。

③启动/停止速度：根据电机的启动/停止速度来设定该值。

④加速度：根据电机和实际控制要求设置加速度。

⑤减速度：根据电机和实际控制要求设置减速度。

⑥加速时间：若用户先设定了加速度，则加速时间由软件自动计算生成。用户也可以先设定加速时间，这样加速度由系统自己计算。

⑦减速时间：若用户先设定了减速度，则减速时间由软件自动计算生成。用户也可以先设定减速时间，这样减速度由系统自己计算。

⑧激活加加速度限值：勾选"加加速度限值"复选框，可以降低在加速和减速斜坡运行期间施加到机械上的应力。如果勾选了该复选框，则不会突然停止轴加速和轴减速，而是根据设置的步进或平滑时间逐渐调整。

⑨滤波时间：若用户先设定了加加速度，则滤波时间由软件自动计算生成。用户也可以先设定滤波时间，这样加加速度由系统自己计算。

⑩加加速度：勾选了"加加速度限值"复选框，轴加减速曲线衔接处会变平滑。

设置急停界面如图 10.19 所示。

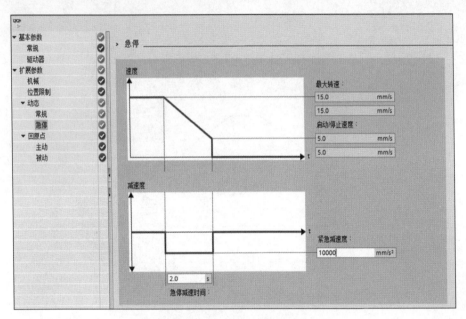

图 10.19　设置急停界面

①最大转速：与"常规"中的"最大转速"一致。

②启动/停止速度：与"常规"中的"启动/停止速度"一致。

③紧急减速度：设置急停速度。

④急停减速时间：若用户先设定了紧急减速度，则紧急减速时间由软件自动计算生成。用户也可以先设定急停减速时间，这紧急减速度由系统自己计算。

完成轴驱动模块配置，工艺程序界面如图 10.20 所示，其中各指令含义如下。

①MC_Power：启动/禁用轴。

②MC_Reset：确认错误。

③MC_Home：回原点。

④MC_Halt：暂停轴。

⑤MC_MoveAbsolute：绝对定位。

⑥MC_MoveRelative：相对定位。

⑦MC_MoveVelocity：以预定义速度运动。

⑧MC_MoveJog：点动运动。

⑨MC_CommandTable：命令表指令。

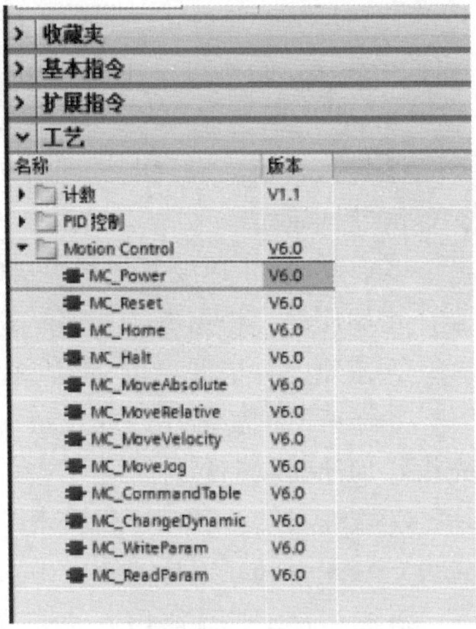

图 10.20　工艺程序界面

⑩MC_ChangeDynamic：更改轴动态设置。

⑪MC_WriteParam：写入工艺对象参数。

⑫MC_ReadParam：读取工艺对象参数。

获得工艺中的程序，开始编写程序。设置驱动模块，启动电机 M10.0 为 1 时启动驱动模块，如图 10.21 所示。

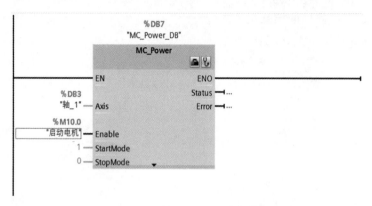

图 10.21　驱动模块

　　启用轴的操作步骤如下：使用所需值初始化输入参数"StartMode"和"StopMode"，将输入参数"Enable"设置为 True；将"启用驱动器"的使能域输出更改为 True，以接通驱动器的电源，CPU 将等待驱动器的"驱动器就绪"信号；当 CPU 组态完成且输入端出现"驱动器就绪"信号时，将启用轴，输出参数"Status"和工艺对象变量<轴名称>. StatusBits. Enable 的值为 True。

　　启用不带已组态驱动器接口的轴，操作步骤如下：使用所需值初始化输入参数"StartMode"和"StopMode"，将输入参数"Enable"设为 True；轴已启用，输出参数"Status"和工艺对象变量<轴名称>. StatusBits. Enable 的值为 True。

　　要禁用轴，可以按照下列步骤操作：停止轴，可以通过工艺对象变量<轴名称>. StatusBits. StandStill 识别轴何时处于停止状态；轴停止后，将输入参数"Enable"设置为 False，若输出参数"Busy"和"Status"以及工艺对象变量<轴名称>. StatusBits. Enable 的值均为 False，则说明禁用轴已完成。

10.2　变频器控制 AC380V 交流电机

10.2.1　控制要求

设计一个搅拌机的控制程序，要求如下。
(1)通过变频器控制交流电机的启停。
(2)通过变频器改变交流电机的转速。
(3)通过变频器控制交流电机的正反转。
变频器外观如图 10.22 所示。

10.2.2　案例分析

图 10.22　变频器外观

　　液体搅拌已成为现代生产中必不可少的环节，以往的搅拌机都是由继电器控制的，其系统较为复杂，响应速度缓慢。

　　基于 PLC 控制技术的飞速发展，用软件就可以取代继电器系统中的触点和接线，因此选用 S7-1200PLC 对搅拌机的控制系统进行设计。

依题意,表 10.3 列出了 I/O 地址分配。

表 10.3 I/O 地址分配

输入信号	输入信号 I/O 地址	输出信号	输出信号 I/O 地址
正向启动	M3.1	控制字	QW64
反向启动	M3.2	频率	QW66
停止	M3.3	—	—
复位	M3.4	—	—
设置频率	MD50	—	—

10.2.3 案例详解

组态通信模块界面如图 10.23 所示。选择 PROFIBUS 通信协议,变频器 MM440 支持基于 PROFIBUS 的周期过程数据交换和变频器参数访问。周期过程数据交换时,通过该通信协议 PROFIBUS,主站可将控制字和主设定值等过程数据周期性地发送至变频器,并从变频器周期性地读取状态字和实际转速等过程数据。该通信使用周期性通信的 PZD 通道(过程数据区),变频器不同的报文类型定义了不同数量的过程数据(PZD)。

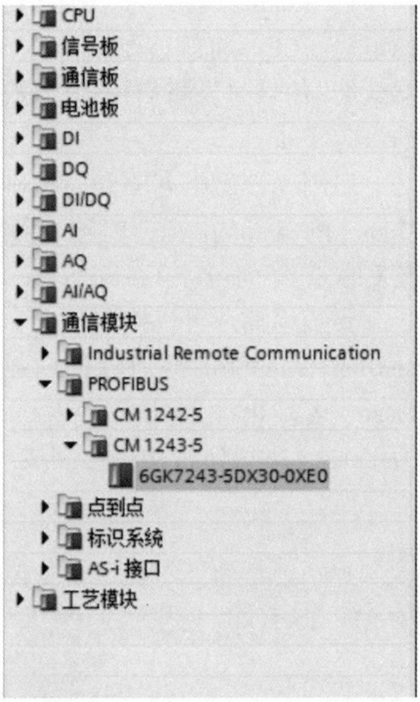

设置模块 PROFIBUS 通信地址,设置连接的地址为 2,通信地址设置如图 10.24 所示。可以采用以下两种方式设置 PROFIBUS 地址。

(1)通过 DIP 开关设置 PROFIBUS 地址。本例设置地址为 3,第 1 个和第 2 个拨码开关在 ON 的位置。

(2)当所有 DIP 开关都被设置为 ON 或 OFF 状态时,可通过 P918 设置 PROFIBUS 地址。

注:用户应优先通过 DIP 开关设置 PROFIBUS 地址。

图 10.23 组态通信模块界面

设置 MM440 的命令源和报文类型,设置变频器的命令源 P0700 为 6,频率设定源 P1000 为 6,变频器启动命令和速度给定均为 PROFIBUS。

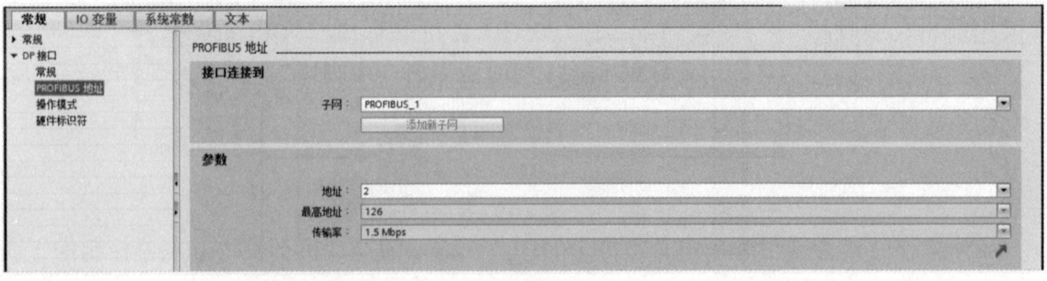

图 10.24 通信地址设置

无论选择何种报文类型，PLC 发给变频器的第一个字都为控制字，变频器发给 PLC 的第一个字都为状态字。

在 PROFIBUS-DP 的驱动器中找到 MM440，驱动器如图 10.25 所示。

图 10.25　驱动器

图 10.26 所示为组态 MM440 变频器的完成结果，其中连接 S7-1200PLC 和 MM440 变频器的通信协议是 PROFIBUS-DP。

图 10.26　组态完成结果

报文如图 10.27 所示，选择驱动器 MM440，添加合适的报文，从而得到控制字和频率输出点位为 QW64 和 QW66。MM440 变频器支持多种报文格式，选择不同的报文格式决定了 PLC 与变频器周期交换过程数据的个数（PZD 数量），以及是否可以使用 PKW 通道读写变频器参数。

PLC技术及应用题解与案例分析

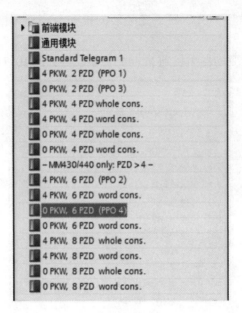

图 10.27 报文

基于通信的常用控制字如下。

(1)启动正转：047F（十六进制）。

(2)停车。

①OFF1：047E（十六进制）。

②OFF2：047C（十六进制）。

③OFF3：047A（十六进制）。

(3)反转：0C7F（十六进制）。

(4)故障复位：04FE（十六进制）。

图 10.28 所示为电机正转梯形图。当正向启动时，用 MOVE 指令向控制字传输 16#047F。针对写入频率计算子程序输入设置频率和最大频率，输出计算好的频率并写入变频器的控制字中。

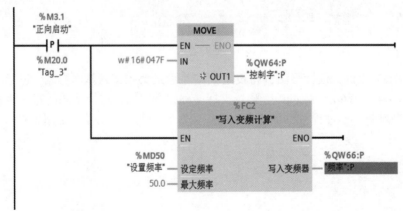

图 10.28 电机正转梯形图

172

图 10.29 所示为电机反转梯形图。当反向启动时，用 MOVE 指令向控制字传输 16# 0C7F。在频率计算子程序 FC2 中输入设置频率和最大频率，输出计算好的频率并直接写入变频器的控制字中。

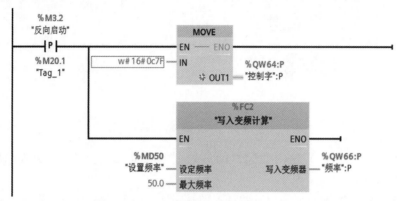

图 10. 29　电机反转梯形图

图 10.30 所示为子程序的变量设置图，要先对输入值进行变换再将其输入 MM440 变频器中。

		名称	数据类型	默认值	注释
1	▼	Input			
2	■	设定频率	Real		
3	■	最大频率	Real		
4	■	<新增>			
5	▼	Output			
6	■	写入变频器	Word		
7	■	<新增>			
8	▼	InOut			
9	■	<新增>			
10	▼	Temp			
11	■	实数1	Real		
12	■	实数2	Real		
13	■	双整数	DWord		
14	■	整数	Word		
15	■	<新增>			
16	▼	Constant			
17	■	<新增>			
18	▼	Return			
19	■	写入频率计算	Void		

图 10. 30　子程序的变量设置图

图 10.31 所示为比例转换梯形图，将设定频率除以最大频率得到实数 1，得到最大频率的比例实数，为后面的计算做好准备。

图 10. 31　比例转换梯形图

图 10.32 所示为频率转换梯形图，将实数 1 乘以 16 384 得到实数 2，采用 MM440 系列 PROFIBUS 协议时，对设定值使用的是百分比。一个控制字的最大值是 65 535，作为带符号整数，它是+/-32 767，代表+/-200%。因此，100%的给定为 16 384。

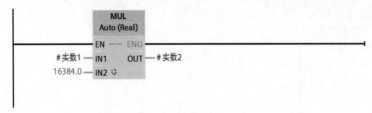

图 10.32　频率转换梯形图

16 384（100%的给定）是由变频器的参数 P2000 定义的，P2000 为 50 Hz，则传输 16 384就等于 50 Hz。

图 10.33 所示为实数转换为双整数梯形图。对实数取整，舍弃不需要的小数，为后面转换做铺垫。

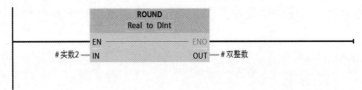

图 10.33　实数转换为双整数梯形图

图 10.34 所示为双整数转换为整数梯形图，采用 MOVE 指令进行传输。因为双整数为 32 位的数值，需要先转化为 16 位的整数再传输给变频器。

图 10.34　双整数转换为整数梯形图

图 10.35 所示为整数输出梯形图，将整数输出写入变频器，只有采用整数形式输入变频器，变频器才可以接收。

图 10.35　整数输出梯形图

图 10.36 所示为电机停止梯形图，用 MOVE 指令将 16#047E 传输到控制字。停止信号选择上升沿指令是为了有停止信号输入时该程序只执行一次，不能选择常开触点，否则会多次执行。

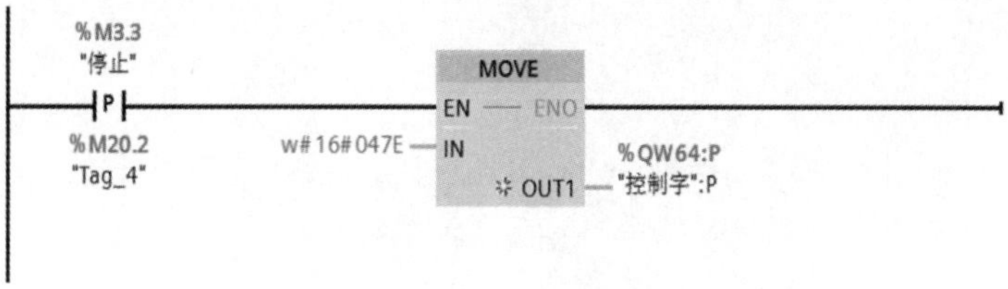

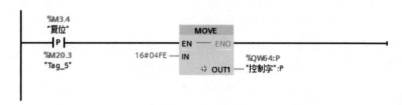

图 10.36 电机停止梯形图

图 10.37 所示为电机复位梯形图，用 MOVE 指令将 16#04FE 传输到控制字。停止信号选择上升沿指令是为了有停止信号输入时该程序只执行一次，不能选择常开触点，否则会多次执行。

图 10.37 电机复位梯形图

第 11 章

工业过程控制应用案例

11.1 水箱液位的数据采集及处理

11.1.1 控制要求

已知某水箱液位控制系统由压力传感器、水泵、被控水箱和储水箱等组成。该系统将采用 PLC 进行自动控制，被控水箱下部设置了手动阀门，阀门可以进行出水量大小的调节。出水阀出水流入储水箱，通过水泵将水抽入被控水箱中。现将被控水箱下部手动阀门打开，需要将被控水箱的液位控制在 10 cm 左右。

11.1.2 案例分析

在实际工程应用中经常会用到 PID 控制系统，如控制恒压供水设备、恒温加热设备等。控制恒压供水设备通过扩散硅式液位变送器及磁浮球液位开关等常用传感器获取液位信息，在程序中调用 PID 指令块，经数据处理控制水泵阀门的开度，从而将液位维持在 10 cm 处。水箱液位 I/O 地址分配如表 11.1 所示。

表 11.1　水箱液位 I/O 地址分配

输入	输出
液位输入 IW98	液位输出 QW98
状态字 PIW64	控制字 PQW64
频率反馈 PIW66	频率设定值 PQW66
实际电流 PIW68	—
输出电压 PIW70	—

液位输入、输出点位由下文通道 1 组态模拟量时所得，状态字、频率反馈、实际电流、输出电压、控制字和频率设定值点位由下文组态变频器插入报文时所得。

11.1.3 案例详解

对 PLC 进行组态，将 AI/AQ 模拟量采集模块插入机架中，如图 11.1 所示。

图 11.1　插入模拟量采集模块

在模拟量输入通道 1 中对模拟量输入进行组态。将"测量类型"设置为"电流"，将"电流范围"设置为"4~20 mA"（该设计所用测量仪器均为电流型 4~20 mA 变送器），模拟量输入地址默认为 IW98，如图 11.2 所示。

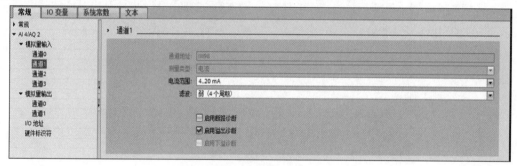

图 11.2　液位模拟量输入组态

在模拟量输出通道 1 中对模拟量输出进行组态。将"模拟量输出的类型"设置为"电流"，将"电流范围"设置为"4 到 20 mA"，模拟量输出地址默认为 QW98，如图 11.3 所示。

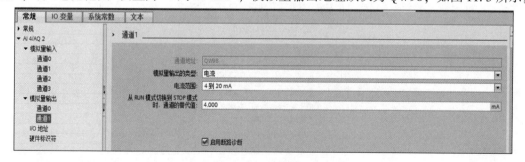

图 11.3　液位模拟量输出组态

在变量表中定义变量，对组态的模拟量和其他存储变量进行定义，下面将会把设定的液位传入"液位设定值"中，如图 11.4 所示。

名称	数据类型	地址	保持	可从...	从H...	在H...	注释
模拟量输入（液位）	Word	%IW98	☐	☑	☑	☑	
模拟量输出（液位）	Word	%QW98	☐	☑	☑	☑	
液位设定值	DWord	%MD60	☐	☑	☑	☑	

图 11.4　定义变量

下面将对 PID 模块进行组态。

PID 模块一定要放在循环中断模块中使用，新建循环中断模块 OB30，如图 11.5 所示。循环中断时间设置为 100 ms。通过循环中断模块，可以定期启动程序，而无须执行循环程序，可以在图 11.5 所示对话框或在该模块的属性中定义其他时间间隔。

图 11.5　新建循环中断模块 OB30

在工艺 PID 控制中调用 PID_Compact(通用 PID 控制器)指令，PID_Compact 指令位置如图 11.6 所示。

工艺	
名称	版本
▶ 🗀 计数	V1.1
▼ 🗀 PID 控制	
▼ 🗀 Compact PID	V6.0
🔧 PID_Compact	V2.3
🔧 PID_3Step	V2.3
🔧 PID_Temp	V1.1
▶ 🗀 帮助功能	V1.0
▶ 🗀 Motion Control	V6.0

图 11.6　PID_Compact 指令位置

PID_Compact 指令提供了一种可对具有比例作用的执行器进行集成调节的 PID 控制器。PID_Compact 指令参数设置如图 11.7 所示。

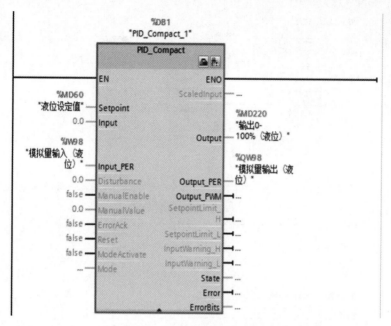

图 11.7   PID_Compact 指令参数设置

PID_Compact 指令提供了一种具有抗积分饱和功能，并且能够对比例作用和微分作用进行加权的 PIDT1 控制器。PID 算法根据以下等式工作：

$$y = K_P \left[(b \times w \times x) + \frac{1}{T_l \times s}(w \times x) + \frac{T_D \times s}{a \times T_D \times s + 1}(c \times w \times x) \right]$$

其中：

    y——PID 算法的输出值；

    K_P——比例增益；

    s——拉普拉斯运算符；

    b——比例作用权重；

    w——设定值；

    x——过程值；

    T_l——积分作用时间；

    T_D——微分作用时间；

    a——微分延迟系数；

    c——微分作用权重。

PID_Compact 指令框图如图 11.8 所示。

如果将 PID_Compact 作为多重背景数据块调用，将不会创建任何工艺对象，因为没有参数分配接口或调试接口可用，必须直接在多重背景数据块中为 PID_Compact 分配参数，并通过监视表格进行调试。

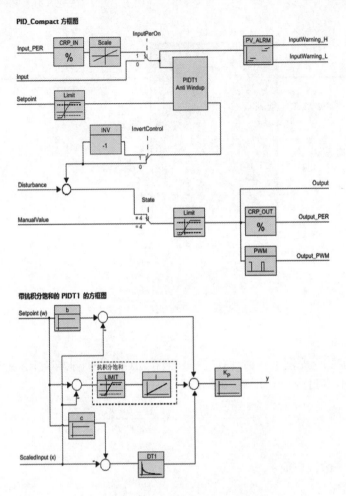

图 11.8　PID_Compact 指令框图

　　将 Setpoint(设定值)填入目标参数(本例为 MD60,目的是可随时设置液位设定值),将模拟量(本例为 IW98)填入 Input_PER。将模拟量输出(本文为 QW98)填入 Output_PER。

　　下面对 PID_Compact 进行初步组态。

　　将"控制器类型"改为"长度",单位为"mm",将控制模式改为"自动模式",如图 11.9 所示。

图 11.9　控制器类型设置

在"Input/Output 参数"界面设置作用引脚，如图 11.10 所示，在不同场景下可用来切换模块 I/O 作用引脚。

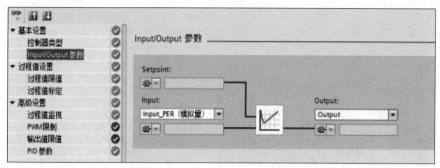

图 11.10　设置作用引脚

在"过程值标定"界面设置系统液位上下限，该值为系统所能达到的最高、最低液位（本例为 200.0 mm 和 0.0 mm），如图 11.11 所示。

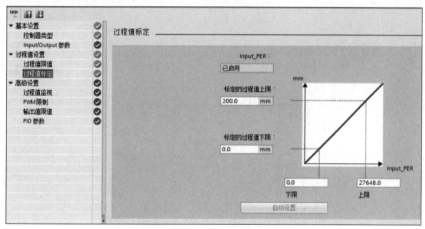

图 11.11　设置液位上、下限

在"过程值监视"界面设置警告的上、下限（本例为 195 mm 和 0.0 mm），当液位超过上、下限值时，系统将会报警，如图 11.12 所示。

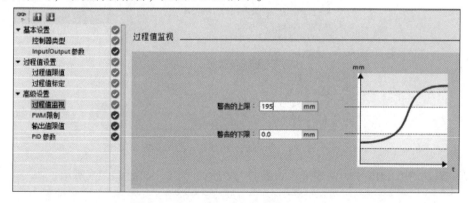

图 11.12　设置警告值

在"PID 参数"界面修改控制器结构(本例为 PI 控制),启用手动输入,输入调节参数,如图 11.13 所示。该系统也可采用自动模式,自动模式下,系统可自动调节 PID 值,但时间较久。

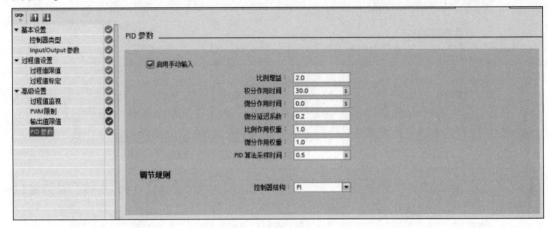

图 11.13 设置调节参数

下面对电机部分进行组态分析。

组态通信模块选择 PROFIBUS 通信协议,将 PROFIBUS 通信模块插入机架,如图 11.14 所示。

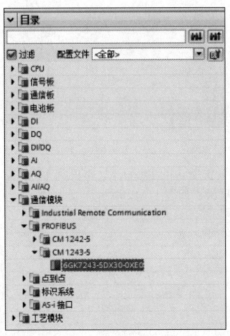

图 11.14 插入 PROFIBUS 通信模块

设置模块 PROFIBUS 通信地址,设置连接的地址为 2,如图 11.15 所示。

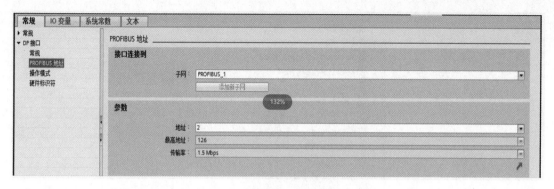

图 11.15　设置连接地址

在"其他现场设备"的"PROFIBUS DP"的"驱动器"中找到 MM440 变频器（本例所用变频器为 MM440 变频器），如图 11.16 所示。

图 11.16　找到 MM440 变频器

完成组态 MM440 变频器，MM440 变频器选择上文 PLC 插入的拓展模块中组态的子网，如图 11.17 所示。

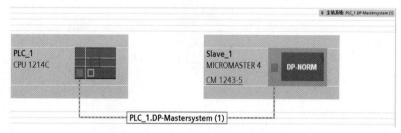

图 11.17　组态 MM440 变频器

添加报文，报文分配的默认地址有控制电机和获取电机基本信息的作用（本例仅用到控制字 PQW64 和频率设定值 PQW66），如图 11.18 所示。

图 11.18　添加报文

依题意，将 100 mm 液位传入"液位设定值"，如图 11.19 所示。上文模块中设置单位为"mm"，所以传入设定值需进行换算。

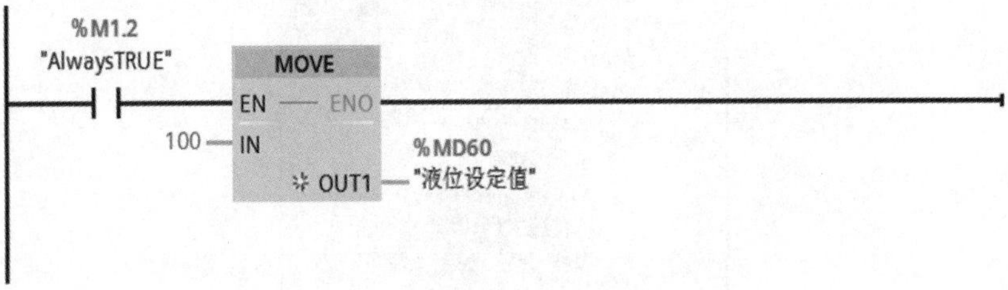

%M1.2
"AlwaysTRUE"
```
        ┌──────────────┐
        │     MOVE     │
     ───┤ EN      ENO ├───
        │              │
100 ────┤ IN           │
        │         %MD60│
        │ ⚡ OUT1 "液位设定值"
        └──────────────┘
```

图 11.19　液位设置

电机正转梯形图如图 11.20 所示。当正向启动时，用 MOVE 指令向控制字传输 16#047F，此时电机可正向启动，如有频率参数输入即可转动，为被控水箱泵水。

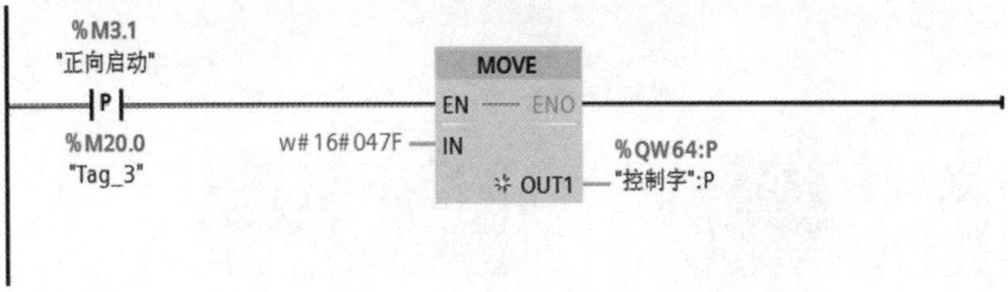

%M3.1
"正向启动"
```
    ┌─┐                    ┌──────────────┐
  ──┤P├──                  │     MOVE     │
    └─┘                 ───┤ EN      ENO ├───
%M20.0          w#16#047F──┤ IN           │
"Tag_3"                    │       %QW64:P│
                           │ ⚡ OUT1 "控制字":P
                           └──────────────┘
```

图 11.20　电机正转梯形图

电机停止梯形图如图 11.21 所示。当电机需要停止时，用 MOVE 指令向控制字传输 16#047E，此时电机停止转动。

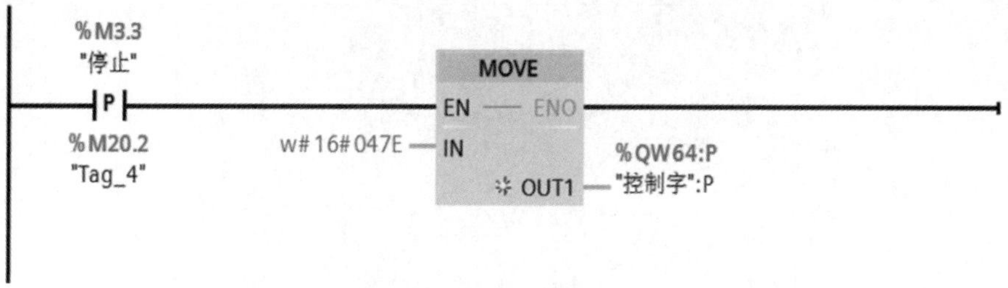

图 11.21 电机停止梯形图

电机复位梯形图如图 11.22 所示。当电机复位时，用 MOVE 指令向控制字传输 16#04FE，此时电机复位，在过载情况下需要复位。

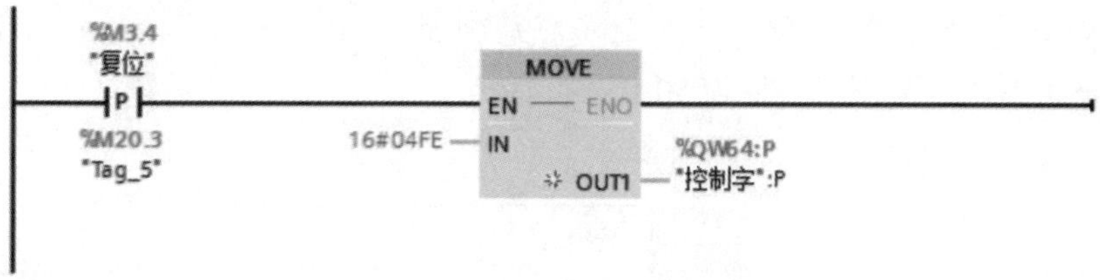

图 11.22 电机复位梯形图

新建 FC3 块，如图 11.23 所示。编辑数据转换公式，若有多台电机同时需要控制，则可重复调用此 FC3 块。

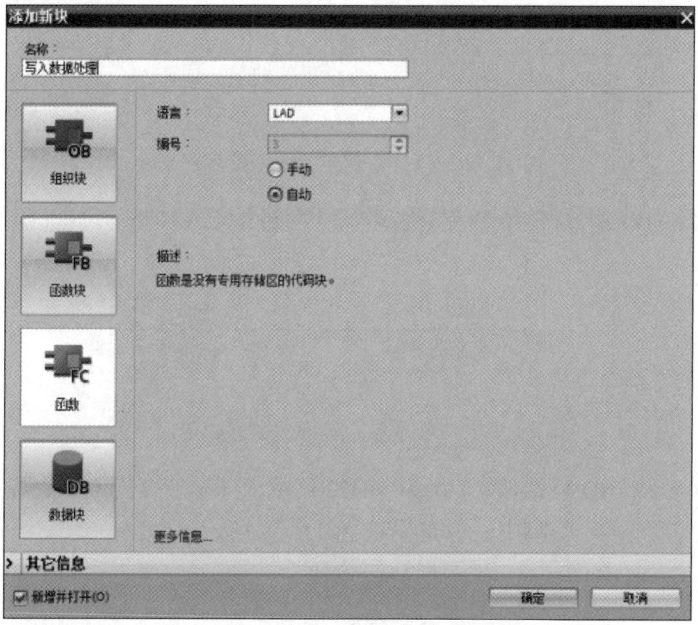

图 11.23 新建 FC3 块

对子程序进行变量设置，此变量为局部变量，即在程序运行过程中临时定义的变量，其作用范围只在该变量所属函数块中，不影响外部变量。局部变量设置如图 11.24 所示。

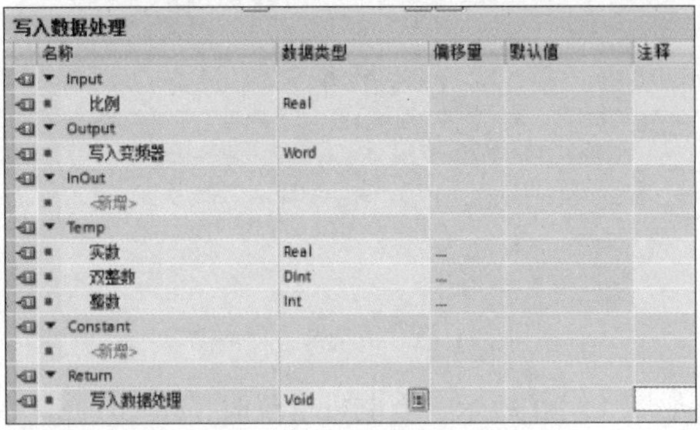

图 11.24　局部变量设置

将比例乘以 16 384 得到实数，频率转换梯形图如图 11.25 所示。16 384 对应电机设定频率最大值(本例电机频率最大值为 50 Hz)。

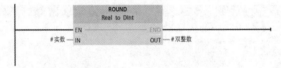

图 11.25　频率转换梯形图

将实数转换为双整数，梯形图如图 11.26 所示。

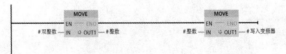

图 11.26　将实数转换为双整数梯形图

将双整数用 MOVE 指令传输到整数，将整数通过 MOVE 指令存储在双字中，梯形图如图 11.27 所示。

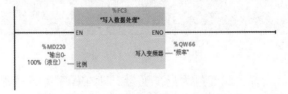

图 11.27　将双整数转换为整数梯形图

调用 FC3 块，将 PID 反馈值(本例为 MD220)填入子程序"比例"引脚中，将输出频率填入子程序"写入变频器"引脚中，梯形图如图 11.28 所示。

图 11.28　调用 FC3 块梯形图

11.2 加热水箱温度的数据采集及处理

11.2.1 控制要求

已知某水箱温度控制系统由温度变送器、加热管、储水箱等组成。该系统采用 PLC 进行自动控制，加热管可调节水箱液体温度。已知被控水箱已满足上文条件，液位流速平稳，需要将水箱的温度控制在 80 ℃左右。

11.2.2 案例分析

应用 PID 控制系统，控制水箱温度平稳在设定值。通过温度传感器获得水箱温度信息，再通过模拟量与数字量转换获得具体温度值。通过程序中调用的 PID 指令块，对水箱温度进行调节。通过数字量与模拟量转换，让 PT100 加热管对水箱加温，从而将温度维持在 80 ℃。水箱温度 I/O 分配如表 11.2 所示。

表 11.2　水箱温度 I/O 分配表

输入	输出
温度输入 IW96	温度输出 QW96

温度输入、输出点位由下文通道 0 组态模拟量时所得。

11.2.3 案例详解

在 PLC 组态中对本例进行初步组态，在"系统和时钟存储器"界面中勾选"启用系统存储器字节"复选框，"始终为 1（高电平）"的值为"M1.2"，即 Always TRUE，如图 11.29 所示。这样一来，启动程序后，当该存储位（M1.2）应用于常开触点时，路径处于始终接通状态。

图 11.29　启用系统存储器

在模拟量输入通道 0 中对模拟量输入进行组态。将"测量类型"设置为"电流"，将"电流范围"设置为"4~20 mA"（该例所用测量仪器均为电流型 4~20 mA 变送器），模拟量输入地址默认为 IW96，如图 11.30 所示。

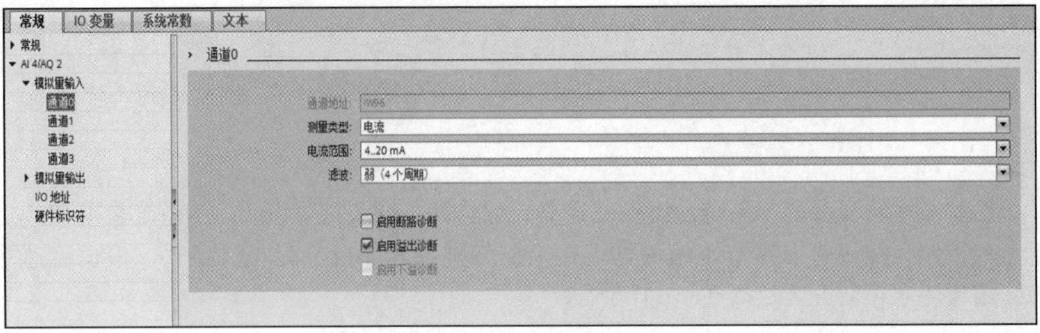

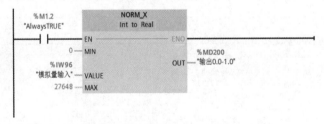

图 11.30 组态模拟量输入

在模拟量输出通道 0 中对模拟量输出进行组态。将"模拟量输出的类型"设置为"电流"，将"电流范围"设置为"4 到 20 mA"，模拟量输出地址默认为 QW96，如图 11.31 所示。

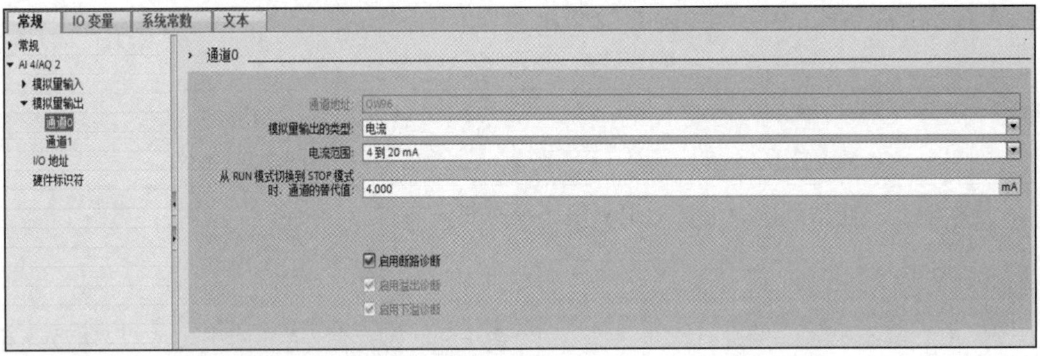

图 11.31 组态模拟量输出

在基本指令中调用 NORM_X(标准化)指令，如图 11.32 所示。

图 11.32 调用 NORM_X 指令

通过将输入 VALUE 中变量的值映射到线性标尺对其进行标准化，可以使用参数 MIN 和 MAX 定义(应用于该标尺的)值范围的限值。输出中的结果经过计算并存储为浮点数，这取决于要标准化的值在该值范围中的位置。若要标准化的值等于输入 MIN 中的值，则输出将返回值 0.0。若要标准化的值等于输入 MAX 的值，则输出将返回值 1.0。

NORM_X 指令将按以下公式进行计算：

$$OUT=(VALUE-MIN)/(MAX-MIN)$$

其中：

  MIN——最小值，数据类型为整数、浮点数；

  VALUE——比较值，数据类型为整数、浮点数；

  MAX——最大值，数据类型为整数、浮点数；

  OUT——返回值，数据类型为浮点数。

  设置"转换形式"为"Int to Real"（整数转双精度浮点数），MAX、MIN 为模拟量最大、最小值，将对应数值填入（即 4~20 mA 对应 0~27 648），将处理后的数据存入 MD200 中。

  在基本指令中调用 SCALE_X（缩放）指令，如图 11.33 所示。

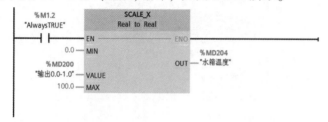

图 11.33 调用 SCALE_X 指令

  通过将输入 VALUE 中变量的值映射到指定的值范围内缩放该值，当执行 SCALE_X 指令时，输入 VALUE 的浮点数会缩放到由参数 MIN 和 MAX 定义的值范围。缩放结果为整数，存储在 OUT 输出中。

  SCALE_X 指令将按以下公式进行计算：

$$OUT = [VALUE \times (MAX - MIN)] \div MIN$$

其中：

  MIN——最小值，数据类型为整数、浮点数；

  VALUE——比较值，数据类型为浮点数；

  MAX——最大值，数据类型为整数、浮点数；

  OUT——返回值，数据类型为整数、浮点数。

  设置"转换形式"为"Real to Real"，将对应数值填入（本例所选变送器量程为 0~100 ℃，电流对应为 4~20 mA，工程量对应为 0~27 648）。将处理后的数据存入 MD204 中，此时 MD204 中为转换完的实时水箱温度值。

  下面将对 PID 模块进行组态。

  PID 模块一定要放在循环中断模块中使用，新建循环中断模块 OB30，循环中断时间设置为 100 ms。通过循环中断模块，可以定期启动程序，而无须执行循环程序，可以在图 11.34 所示对话框或在该 OB 的属性中定义时间间隔。插入循环中断 OB30 如图 11.34 所示。

图 11.34 插入循环中断 OB30

在工艺中调用 PID_Compact(通用 PID 控制器)指令,该指令位置如图 11.35 所示。

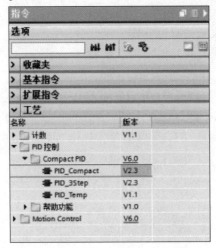

图 11.35 PID_Compact 指令位置

PID_Compact 指令参数设置如图 11.36 所示。

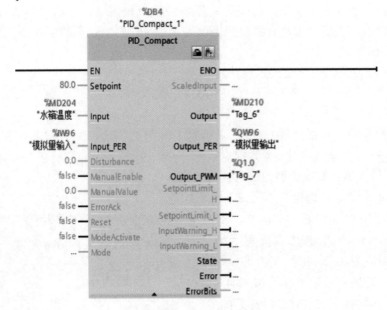

图 11.36 PID_Compact 指令参数设置

将 Setpoint(设定值)填入目标参数,将转换后的温度参数(本例为 MD204)填入 Input,或者将未转换的模拟量(本文为 IW96)填入 Input_PER。将处理后的反馈值 Output 储存(本例为 MD210),为 0~100%开度值。可将模拟量输出(本例为 QW96)填入 Output_PER。如果想获得方波信号,可在 Output_PWM 中进行参数设置(本例为 Q1.0)。

下面对 PID_Compact 进行初步组态。

将"控制器类型"设置为"温度",单位为"℃",将控制模式设置为"自动模式",如图 11.37 所示。

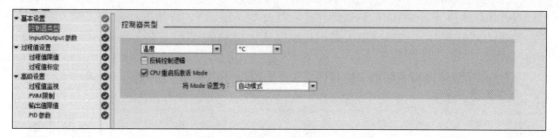

图 11.37　控制器类型设置

在"Input/Output 参数"界面设置作用引脚,如图 11.38 所示,在不同场景下可用来切换模块 I/O 作用引脚(一般可同时作用输出)。

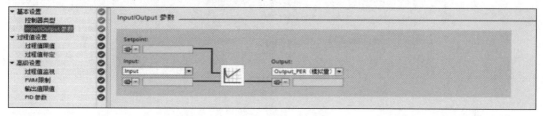

图 11.38　设置作用引脚

在"过程值限值"界面设置系统温度上、下限,该值为系统所能达到的最高、最低温度(本例为 95.0 ℃和 0.0 ℃),如图 11.39 所示。

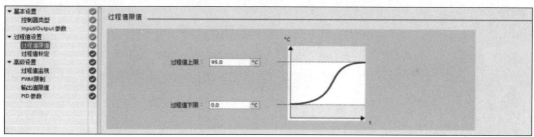

图 11.39　设置过程值上、下限

在"过程值监视"界面设置警告的上、下限(本例为 85.0 ℃和 0.0 ℃),当温度超过上、下限值时,系统将会报警,如图 11.40 所示。

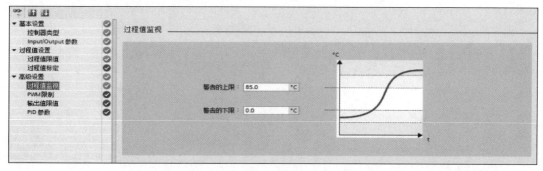

图 11.40　设置警告的上、下限

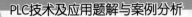

在"PID 参数"界面修改控制器结构(本例为 PID 控制),启用手动输入,输入调节参数,如图 11.41 所示。该系统也可采用自动模式,自动模式下,系统可自动调节 PID 值,但时间较久。

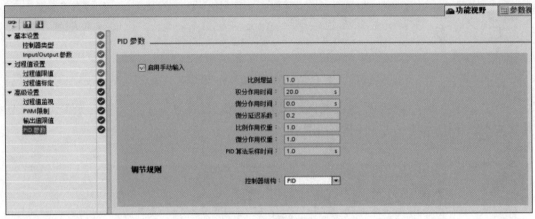

图 11.41　设置调节参数

第 12 章

通信及联网应用案例

S7-1200PLC 支持 I-Device、工业以太网、PROFIBUS、MODBUS RTU、PTP 及 RS485 等多种通信方式。本章将以工业以太网的通信方式为例,讲解相关的通信指令。S7-1200PLC 集成了工业以太网的通信接口,支持以太网和基于 TCP/IP 的通信标准。使用这个通信接口,可以实现 S7-1200PLC CPU 与编程设备的通信、与 HMI 触摸屏的通信,以及与其他 CPU 的通信。这个工业以太网物理接口支持 1 M/100 M 的 RJ45 接口,支持电缆交叉的自适应。因此,一个标准的或交叉的以太网线都可以用于该接口。同时,该接口支持 TCP、ISO-ON-TCP、S7 通信(服务器端)。另外,该接口有两种连接方式:直接连接和网络连接。当一个 S7-1200PLC CPU 与一个编程设备、一个 HMI 或单个 PLC 通信(即只有两个设备进行通信的系统)时,可以使用直接连接,不需要使用交换机。当多个设备通信时,则需要使用交换机,此时就是网络连接。正因为工业以太网的应用比较方便,而且能够与手机、计算机实现通信,方便系统的集成,所以很多大学生竞赛作品都把工业以太网作为主要的系统通信方式。

12.1 S7 单边通信

12.1.1 控制要求

一台 S7-1215C 与一台 S7-314C-2 PN/DP 的以太网通信。

按下 S7-1215C 的 I0.0 按钮,点亮 S7-314C-2 PN/DP 的一个输出点。

按下 S7-314C-2 PN/DP 的一个按钮,点亮 S7-1215C 的一个输出点。

12.1.2 案例分析

本例以 S7 通信和工业以太网通信两种方式为例,对 12.1 节中的控制要求进行讲解。S7 通信协议是西门子 S7 系列 PLC 内部集成的一种通信协议,是 S7 系列 PLC 的精髓所在。S7 通信是一种运行在传输层之上(会话层、表示层、应用层)的协议,经过特殊优化,信息的传输可以基于 MPI 网络、PROFIBUS 网络和以太网。S7 通信协议参考模型如表 12.1

所示。

表 12.1　S7 通信协议参考模型

层	OSI 模型	S7 协议
7	应用层	S7 通信
6	表示层	S7 通信
5	会话层	S7 通信
4	传输层	ISO-ON-TCP(RFC 1006)
3	网络层	IP
2	数据链路层	以太网/FDL/MPI
1	物理层	以太网/RS485/MPI

S7 通信支持以下两种方式。

(1)基于客户端(Client)/服务器端(Server)的单边通信。

(2)基于伙伴(Partner)/ 伙伴(Partner)的双边通信。

第一种方式是最常用的通信方式，也称作 S7 单边通信。在该模式中，只需要在客户端一侧进行配置和编程，服务器端只需要准备好需要被访问的数据，不需要任何编程(服务器的"服务"功能是硬件提供的，不需要用户软件进行任何设置)。客户端其实是 S7 通信中的一个角色，它是资源的索取者，而服务器端则是资源的提供者。服务器通常是 S7-PLC 的 CPU，它的资源就是其内部的变量/数据等。客户端通过 S7 通信协议，对服务器端的数据进行读取或写入操作。常见的客户端包括人机交互界面、触摸屏(HMI)、编程计算机(PG/PC)等。在进行 S7 通信的时候，需要把一个设备设置成客户端，一个设备设置成服务器端。其实，很多基于 S7 通信的软件都是在扮演着客户端的角色，如 OPC Server，虽然它的名字中有 Server，但在 S7 通信中，它其实是客户端的角色。客户端/服务器端模式的数据流动是单向的。也就是说，只有客户端能操作服务器端的数据，而服务器端不能对客户端的数据进行操作。通信及联网 I/O 分配情况如表 12.2 所示。

表 12.2　通信及联网 I/O 分配情况

输入		输出	
S7-1200PLC	I0.0	S7-300PLC	Q136.0
S7-300PLC	I136.1	S7-1200PLC	Q0.1

12.1.3　案例详解

根据 12.1.1 小节的控制要求，以 S7-300PLC 作为客户端设计项目。

进行硬件组态，这里需要注意的是有两个 PLC 的组态，一定要注意 IP 的设置。在项目视图下的项目树中双击"添加新设备"按钮，在打开的对话框中选择所用的 S7-1200PLC CPU，将其添加到机架中，命名为 PLC_1，如图 12.1 和图 12.2 所示。

图 12.1　选择 PLC_1

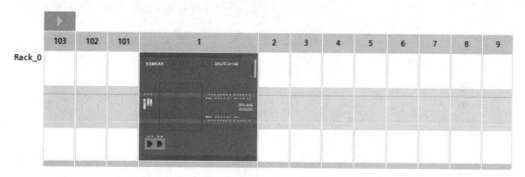

图 12.2　S7-1200 组态图

为了方便编程，在 PLC_1 的 CPU 的属性中定义时钟位。在图 12.2 所示的设备视图中双击 PLC_1，视图的正下方自动显示该 PLC 的属性。在"常规"选项卡中找到"系统和时钟存储器"选项，勾选右侧的"启用系统存储器字节"和"启用时钟存储器字节"复选框。在图 12.3 中我们可以清楚地看到系统位定义在 MB1，时钟位定义在 MB0。其中，M1.0 为系统首次上电的时候执行一次，也就是为 1 一次，M0.3 是以 2 Hz 的频率在 0 和 1 之间切换的位。在"常规"选项卡的"防护与安全"中找到"连接机制"选项，在其右侧勾选"允许来自远程对象的 PUT/GET 通信访问"复选框，客户端就可以对 S7-1200PLC 本机进行访问和读写操作，如图 12.4 所示。

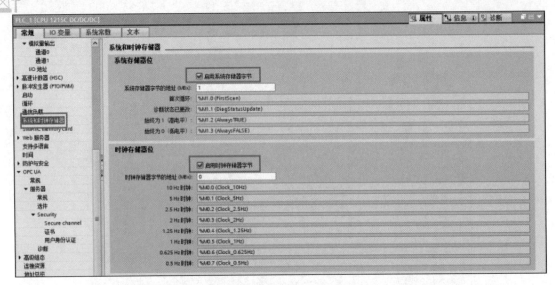

图 12.3　系统和时钟存储器设置

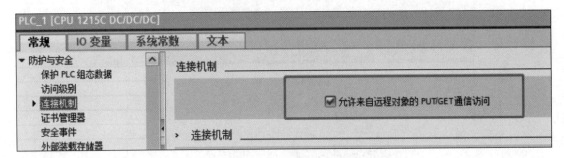

图 12.4　允许远程访问

在设备视图中单击 CPU 上代表 PROFINET 通信口的绿色小方块，在下方会出现 PROFINET 接口的属性。在"常规"选项卡中选择"以太网地址"选项，分配 IP 地址为 192.168.0.1，子网掩码为 255.255.255.0，如图 12.5 所示。

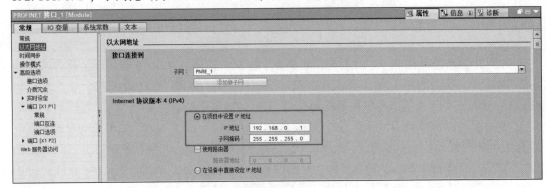

图 12.5　分配 IP 地址和子网掩码

插入第 2 个 PLC，与 PLC_1 在同一个项目中，在项目树中双击"添加新设备"按钮，在打开的对话框中选择使用的 S7－314C－2 PN/DP CPU，将其添加到机架上，命名为

PLC_2，如图 12.6 所示。

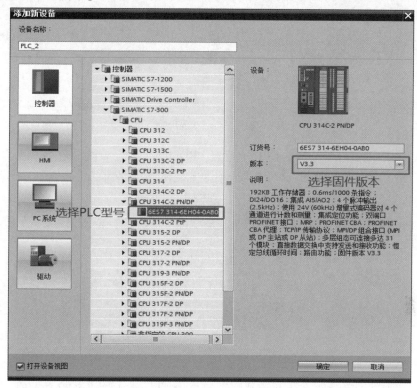

图 12.6　选择 PLC_2

为了编程方便，在 PLC_2 的 CPU 属性中定义时钟位。在图 12.7 所示的设备视图下双击 PLC_2，视图的正下方自动显示该 PLC 的属性。在"常规"选项卡中找到"时钟存储器"选项，勾选右侧的"时钟存储器"复选框，如图 12.8 所示。在图 12.8 中，我们可以清楚地看到时钟存储器定义在 MB0，它和 PLC_1 的 M0.3 功能是一样的，这个 M0.3 也是以 2 Hz 的频率在 0 和 1 之间来回切换的位，可以用它去自动激活发送任务。

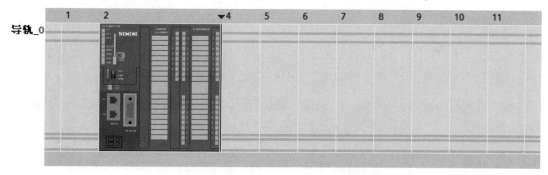

图 12.7　S7-314C 2PN/DP 组态图

图 12.8　设置 PLC_2 的时钟存储器

在 PLC_2 的设备视图中单击 CPU 上代表 PROFINET 通信口的绿色小方块，在下方会出现 PROFINET 接口的属性。在"常规"选项卡中选择"以太网地址"选项，分配 IP 地址为 192.168.0.2，子网掩码为 255.255.255.0，如图 12.9 所示。

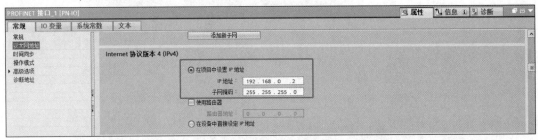

图 12.9　分配 IP 地址和子网掩码

将视图切换到网络视图，在网络视图下，单击 PLC_1 上的 PROFINET 通信口的绿色小方框，拖拽出一条线到 PLC_2 的 PROFINET 通信口上，松开鼠标，PN/IE_1 的子网就建立起来了。通过 PN/IE_1 的子网就将两个 PLC 用以太网连接起来，如图 12.10 所示。至此，两个 PLC 的以太网连接就结束了。接下来，进行 S7 通信的连接和相关参数的设置。

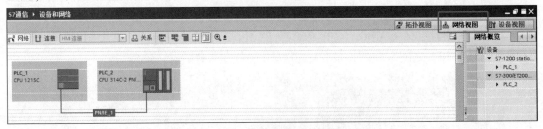

图 12.10　两个 PLC 的网络连接

在网络视图中配置 S7 网络。在"连接"后面的下拉菜单中选择"S7 连接"选项，然后选择 S7-1200CPU，在右键快捷菜单中选择"添加新连接"选项，添加新的连接，如图 12.11 所示。打开"添加新连接"对话框后，在左侧选择 PLC_2，也就是 S7-314C-2 PN/DP。右上角提示是 S7 通信后，单击"添加"按钮，信息栏中显示连接已经添加，如图 12.12 所示，单击"关闭"按钮。

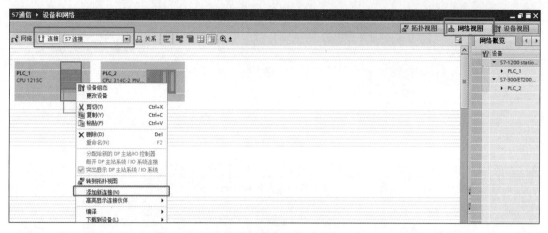

图 12.11　S7 通信的连接

图 12.12　建立 S7 通信连接 1

　　回到网络视图，可以清楚地看到"PN/IE_1"通信方式已经变成了"S7_连接_1"。双击图 12.13 中"S7_连接_1"，在属性的"常规"选项卡中可以查看创建的 S7 通信连接名称和连接路径以及本地 ID 等信息，如图 12.14 所示。其中，本地 ID 是非常重要的 S7 通信信息之一。配置完网络连接后，分别对 S7-300PLC 和 S7-1200PLC 编译保存下载。下载完成后，单击"转至在线"按钮，在网络视图的"连接"选项卡中可以查看连接状态，如图 12.15 所示。在本地连接名称"S7_连接_1"左侧有绿色标志，则表示组态的连接已经成功建立。

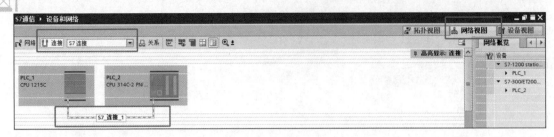

图 12.13　在网络视图中查看通信连接

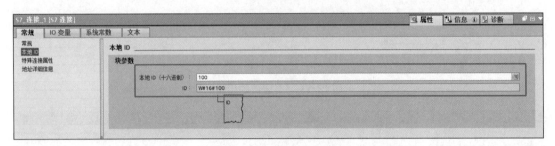

图 12.14　查询本地 ID 信息

图 12.15　查看 S7 通信连接状态

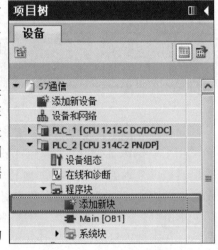

图 12.16　添加新块

　　硬件组态结束后，就可以开始编程了。因为是将 S7-300PLC 作为客户端，所以在 PLC_2 创建接收区域。在"设备"选项卡中双击"添加新块"按钮，如图 12.16 所示。

　　打开"添加新块"对话框，其中创建了接收数据块 DB2，块的名字是"300_RCV"，如图 12.17 所示。在 DB2 块中创建接收数据的区域。依照控制要求，发送和接收的数据仅 1 位，因此接收和发送数据的区域用 1 个字节的空间即可满足要求。创建一个字节的数据接收区"RCV_DATA"，如图 12.18 所示。

　　按照上面的方法，继续创建一个发送数据块 DB3，块的名字是"300_SENT"，并在块中创建一个字节的数据发送区"SENT_DATA"。

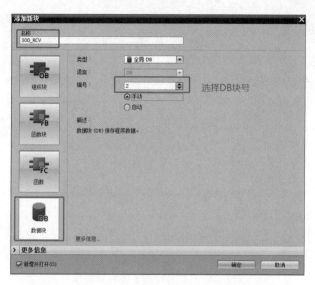

图 12.17　创建 S7-300PLC 的接收数据块

300_RCV				
	名称	数据类型	偏移量	起始值
1	▼ Static			
2	■ RCV_DATA	Byte	0.0	16#0

图 12.18　创建 S7-300PLC 部分的数据接收区

　　在 S7-1200PLC 的程序块中双击"添加新块"按钮，在打开的对话框中创建发送数据块 DB4"1200_SENT"，如图 12.19 所示。在 DB4 的属性中，取消勾选"优化的块访问"复选框，如图 12.20 所示。在 DB4 块内创建一个字节的发送区"SENTDATA"，如图 12.21 所示。按照这个步骤，再创建一个"1200_RCV"的接收数据块 DB5，以及块内的一个字节的数据接收区"RCVDATA"。

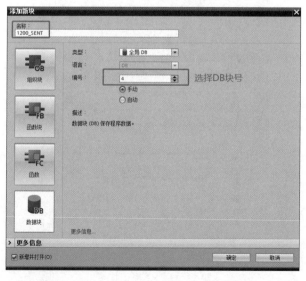

图 12.19　创建 S7-1200PLC 的发送数据块

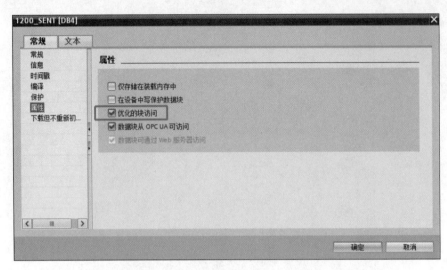

图 12. 20　S7-1200PLC 的 DB4 块优化访问

S7通信 ▶ PLC_1 [CPU 1215C DC/DC/DC] ▶ 程序块 ▶ 1200_SENT [DB4]

保持实际值　快照　将快照值复制到起始值中

1200_SENT

	名称		数据类型	偏移量	起始值
1	▼ Static				
2	■	SENTDATA	Byte	0.0	16#0

图 12. 21　创建 S7-1200PLC 的数据发送区

　　至此，准备工作都已经做好了。现在开始调用指令进行编程。打开 S7-300PLC 客户端的 OB1，找到通信指令 GET 和 PUT，如图 12. 22 所示。

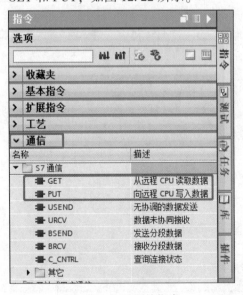

指令	
选项	

> 收藏夹
> 基本指令
> 扩展指令
> 工艺
▼ 通信

名称	描述
▼ S7 通信	
GET	从远程 CPU 读取数据
PUT	向远程 CPU 写入数据
USEND	无协调的数据发送
URCV	数据未协同接收
BSEND	发送分段数据
BRCV	接收分段数据
C_CNTRL	查询连接状态
▶ 其它	

图 12. 22　S7 通信指令

将这两个指令分别拖入程序段 1 和程序段 2 中，如图 12.23 和图 12.24 所示。客户端部分程序如图 12.25 和图 12.26 所示。

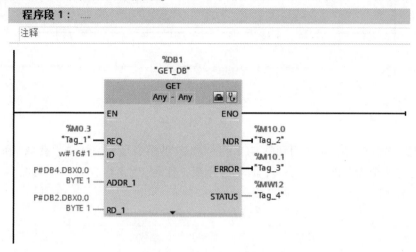

图 12.23　客户端接收数据指令

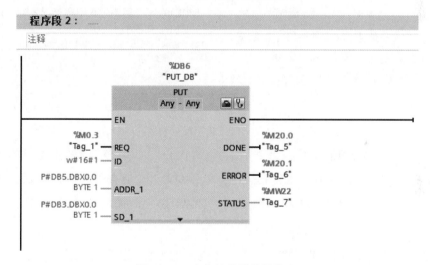

图 12.24　客户端发送数据指令

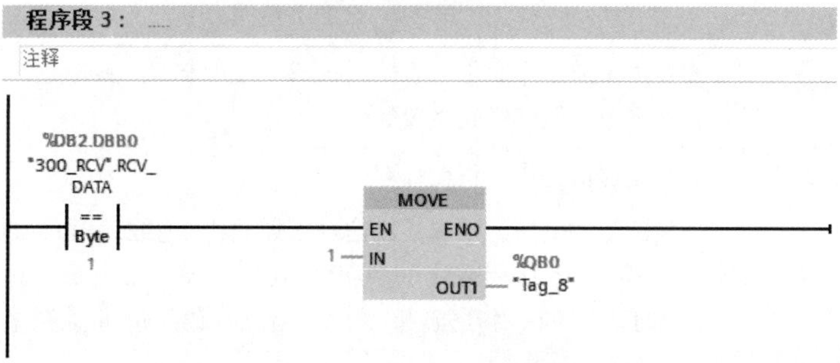

程序段 3：　…
注释

图 12.25　客户端部分程序 1

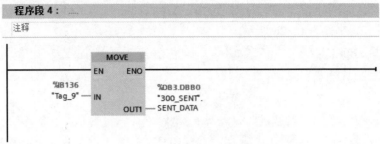

图 12.26 客户端部分程序 2

在图 12.23 和图 12.24 中用到的 GET 指令和 PUT 指令是 S7 通信的"获取"和"发送"指令。下面对这两个指令的引脚做一个简单的介绍,如表 12.3 和表 12.4 所示,可能出现的错误代码如表 12.5 表示。

表 12.3　GET 指令

输入接口参数	功能	输出接口参数	功能
REQ	在上升沿启动读取命令	NDR	接收到新数据时,该位置 1
ID	连接号,要与连接配置中一致	ERROR	通信过程中有错误发生,该位置 1
ADDR_1	从伙伴 PLC 数据区读取的数据存放的地址区域	STATUS	有错误发生时,会显示错误代码
RD_1	本地 PLC 接收数据存储地址区域	—	—

表 12.4　PUT 指令

输入接口参数	功能	输出接口参数	功能
REQ	在上升沿启动写入命令	DONE	发送数据完成,该位置 1
ID	连接号,要与连接配置中一致	ERROR	通信过程中有错误发生,该位置 1
ADDR_1	指向伙伴 PLC 上需要写入的目标	STATUS	有错误发生时,会显示错误代码
SD_1	指向本地 PLC 上需要写入的数据区域		

表 12.5　可能出现的错误代码

ERROR	STATUS	说明
0	11	警告由于前一作业仍处于忙碌状态,因此未激活新作业,或者该作业正在处理之中,但其优先级较低
0	25	已开始通信,作业正在处理
1	1	通信故障。例如,连接描述信息未加载(本地或远程),连接中断(包括电缆故障、CPU 关闭或处于 STOP 模式),尚未与伙伴建立连接。该错误同样适用于 S7-300,指已经超过了并行作业或实例的最大数量
1	2	接收到伙伴设备的否定应答,该功能无法执行
1	4	接收区指针 RD_1 出错,该错误与数据长度或数据类型有关

续表

ERROR	STATUS	说明
1	8	访问 CPU 时出错
1	10	无法访问本地用户存储器。例如，访问某个已经删除的数据块
1	12	调用该指令时已指定一个不属于 GET 的背景数据块，或者已指定一个全局数据块以代替指定背景数据块，或者未找到背景数据块，补救措施为再次装载相关 DB
1	20	S7-400PLC 的工作存储器空间不足，补救措施为减少存储器中的程序代码；或者 S7-300 已经超过了并行作业或实例的最大数量，CPU 处于 RUN 模式时已经加载了实例，且覆盖了其他的实例。首次调用时可能出现

在服务器端，也就是 S7-1200PLC 端，在 OB1 内只需要写入两行程序即可。因为 S7 通信是单边通信，所以 PUT 和 GET 指令不再需要调用。图 12.27 中的程序段 1 表示将 IB0 数据传输至 S7-1200PLC 的发送数据块内的发送区。图 12.28 中的程序段 2 表示将接收到的数据传输至 QB0 输出显示。

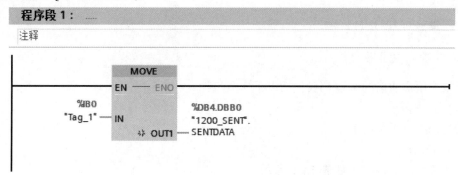

图 12.27　将 IB0 数据传输至发送数据块内的发送区

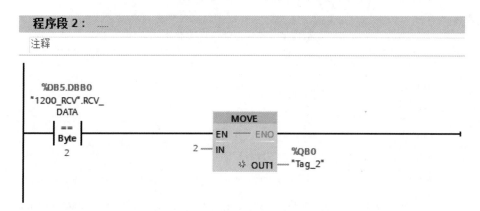

图 12.28　将接收到的数据传输至 QB0

至此，S7 通信支持的客户端与服务器端的单边通信介绍完毕。另一种情况，即基于伙伴(Partner)/伙伴(Partner)的双边通信，读者可以自行查找资料完成。

接下来将继续以 S7-1200PLC 为服务器，介绍另一种以太网通信方式。

12.2 开放式用户通信

通过开放式用户通信(Open User Communication，OUC)，S7-1200/1500PLC 和 S7-300/400PLC 的 CPU 模块可以使用集成的 PN/IE 接口进行数据交换。开放式用户通信的主要特点是在所传输的数据结构方面具有高度的灵活性，这就允许 CPU 与任何通信设备进行开放式数据交换，通信伙伴可以是两个 SIMATIC PLC，也可以是 SIMATIC PLC 和相应的第三方设备，前提是这些设备支持该集成接口可用的连接类型。由于此通信仅由用户程序中的指令进行控制，所以可以在程序中建立和终止事件驱动型连接。在运行期间，也可以通过用户程序修改连接。

对于具有集成 PN/IE 接口的 CPU，可使用 TCP、UDP 和 ISO-ON-TCP 连接类型进行开放式用户通信。

12.2.1 控制要求

控制要求同 12.1.1 小节。

12.2.2 案例分析

开放式用户通信的编程一般包括以下 3 个步骤。

(1)建立连接。

(2)发送/接收数据。

(3)断开连接。

开放式用户通信指令如表 12.6 所示。

需要注意的是，因为开放式用户通信方式为双边通信，所以 TSEND 和 TRCV 必须成对出现。

表 12.6 开放式用户通信指令

指令名称	功能	备注
TCON	建立连接	—
TDISCON	终止连接	—
TSEND	发送数据	—
TRCV	接收数据	—
TSEND_C	建立连接/终止，发送	S7-1200/1500PLC
TRCV_C	建立连接/终止，接收	S7-1200/1500PLC

12.2.3 案例详解

根据 12.1.1 的控制要求，仍以 S7-300PLC 作为客户端，开始本项目的设计。

首先介绍硬件组态。本项目的系统内有两个 PLC，因此在组态的时候要注意 IP 地址的设置，即要在同一网段内的不同地址。在项目视图下的项目树中双击"添加新设备"按钮，在打开的"添加新设备"对话框中选择所用的 S7-1200PLC CPU 并将其添加到机架中，命名为 PLC_1，如图 12.29 和图 12.30 所示。

为了方便编程，在 PLC_1 的 CPU 的属性中定义时钟位。在设备视图中双击 PLC_1，视图的正下方自动显示该 PLC 的属性。在属性的"常规"选项卡中单击"以太网地址"选项。在右侧将 S7-1200PLC 的 IP 地址设置成 192.168.0.1。在 IP 下面有一处默认勾选的"自动生成 PROFINET 设备名称"复选框，为了防止系统更改现场设备的名称，此处应取消勾选，如图 12.31 所示。同时，在"以太网地址"下面找到"系统和时钟存储器"选项，勾选右侧的"启用系统存储器字节"和"启用时钟存储器字节"复选框。在图 12.32 中可以清楚地看到系统位定义在 MB1，时钟位定义在 MB0。其中，M1.0 为系统首次上电的时候执行一次。M0.3 是以 2 Hz 的频率在 0 和 1 之间切换的位。至此，S7-1200PLC 组态完成。

图 12.29　选择 S7-1200PLC

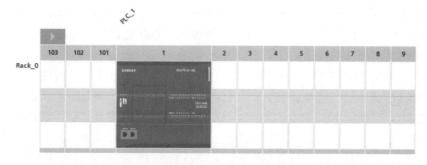

图 12.30　添加到机架的 S7-1200PLC

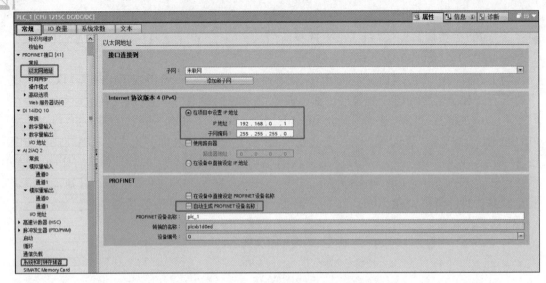

图 12.31　S7-1200PLC 的 IP 地址设置

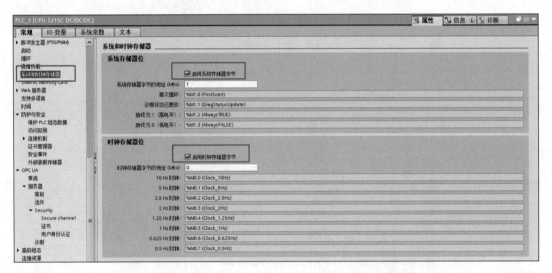

图 12.32　S7-1200PLC 系统和时钟存储器设置

接下来插入 S7-300PLC。与 PLC_1 在同一个项目中，在项目树中双击"添加新设备"按钮，在打开的对话框中选择所使用的 S7-314C-2 PN/DP CPU，并将其添加到机架上，命名为 PLC_2，如图 12.33 所示。

在 PLC_2 的设备视图中单击机架上的 CPU，在下方会出现 PLC 的属性，在"常规"选项卡下找到"以太网地址"选项，在右侧栏修改分配的 IP 地址为 192.168.0.2，子网掩码为 255.255.255.0，同时取消勾选"自动生成 PROFINET 设备名称"复选框，如图 12.34 所示。

为了编程方便，在 PLC_2 的 CPU 属性中定义时钟位。在"常规"选项卡中找到"时钟存储器"选项，在右侧勾选"时钟存储器"复选框，如图 12.35 所示。在图 12.35 中可以清楚地看到时钟存储器定义在 MB0，和 PLC_1 的 M0.3 功能是一样的，这个 M0.3 也是以 2 Hz的频率在 0 和 1 之间来回切换的位，可以使用它去自动激活发送任务。

在网络视图下单击 PLC_1 上的 PROFINET 通信口的绿色小方框，拖拽出一条线到 PLC_2 的 PROFINET 通信口上，松开鼠标，PN/IE_1 的子网就建立起来了。通过 PN/IE_1 的子网，就将两个 PLC 用以太网连接起来，如图 12.36 所示。至此，两个 PLC 的以太网连接完成，开放式用户通信的硬件组态也完成了。下一步开始编程部分的操作。

图 12.33　选择 S7−300PLC

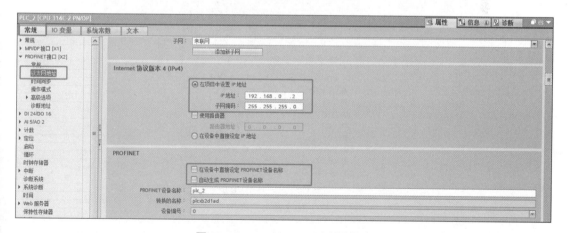

图 12.34　S7−300PLC 以太网设置

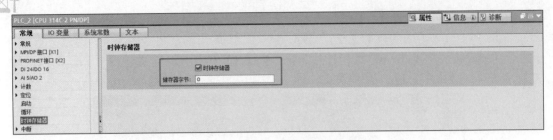

图 12.35　S7-300PLC 时钟设置

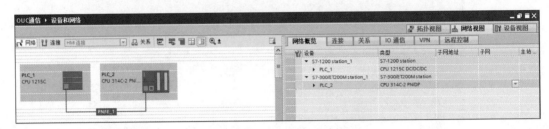

图 12.36　两个 PLC 的以太网连接

在 S7-1200PLC 内打开 OB1，在右侧指令树中找到开放式用户通信指令，如图 12.37 所示。

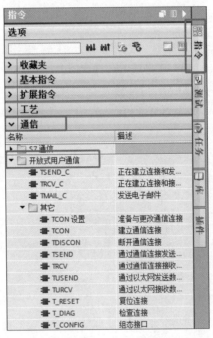

图 12.37　开放式用户通信指令

在 OB1 中调用 TCON 指令，如图 12.38 所示。下面简单介绍 TCON 指令的用法，如表 12.7 所示。其中，CONNECT 引脚比较特殊，在此处需要填写的是 S7-1200PLC 的连接块，填完后系统自动创建同名的数据块，如图 12.39 所示。只有当连接块填写完后，在 TCON 指令的"组态栏"内的连接参数中，系统才能自动填写出本地 PLC 的"连接类型"和"连接参数"等信息。选择 PLC_2，在"连接参数"一栏新建后，才会创建出 PLC_2 的连接数据块。
单击"主动建立连接"按钮，端口信息保持默认即可。TCON 指令的连接参数如图 12.40
所示。

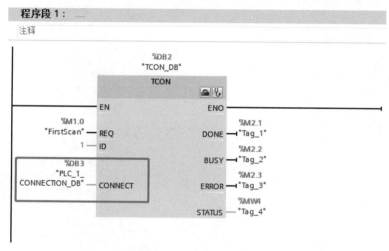

图 12.38　TCON 指令

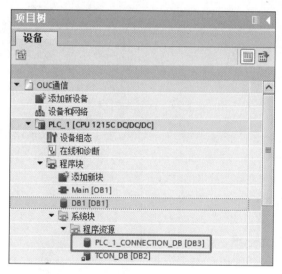

图 12.39　连接块

表 12.7　TCON 指令用法

输入接口参数	功能	输出接口参数	功能
REQ	建立连接请求，需要一个上升沿的信号变化	DONE	通信连接的过程是否完成，1 = 已经完成
ID	连接资源的唯一标识	BUSY	是否正在进行通信连接，1 = 正在连接，0 = 未开始连接或已经完成

输入接口参数	功能	输出接口参数	功能
CONNECT	一个指向连接资源的指针。连接资源是一个包含相关配置参数的 DB 块	ERROR	连接过程中是否有错误发生，0=没有错误，1=有错误
—	—	STATUS	连接的状态

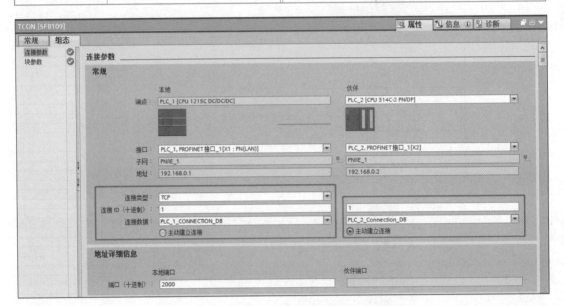

图 12.40　TCON 指令的连接参数

添加完 TCON 指令后，需要添加 S7-1200PLC 发送数据 DB 块。双击"添加新块"按钮，如图 12.41 所示。在打开的对话框内设置数据块名称为"SEND_DATA"，数据块编号采用手动的方式，设置为4，同时取消勾选"优化的块访问"复选框，如图 12.42 和图 12.43 所示。在 S7-1200PLC 发送数据 DB 块内添加一个字节的变量"SendData"，作为传递待发送的数据，如图 12.44 所示。

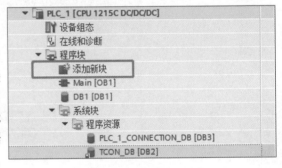

图 12.41　添加新数据块

在发送数据块内创建完变量后，在程序段 2 内添加 TSEND 指令，如图 12.45 和图 12.46 所示，TSEND 指令接口参数如表 12.8 所示，部分错误代码如表 12.9 所示。接下来创建 S7-1200PLC 接收数据 DB 块。双击"添加新块"按钮，在打开的对话框内设置数据块名称为"RCV_DATA"，数据块编号采用手动的方式，设置为6，同时取消勾选"优化的块访问"复选框，如图 12.47 和图 12.48 所示。在 DB6 内创建一个字节的变量"RcvData"作为接收数据变量，如图 12.49 所示。图 12.50 所示为创建 TRCV 指令数据块，在程序段 3 内调用 TRCV 指令，指令设置如图 12.51 所示。TRCV 指令接口参数如表 12.10 所示，部分错误代码如表 12.11 所示。在程序段 4 和 5 内编写待发送数据和接收数据后执行的程序，如图 12.52 所示。至此，S7-1200PLC 中的程序已经编写完成。下面开始 S7-300PLC 中的程序编写。

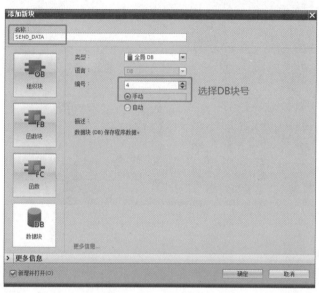

图 12.42　设置发送数据块

图 12.43　取消优化的块访问

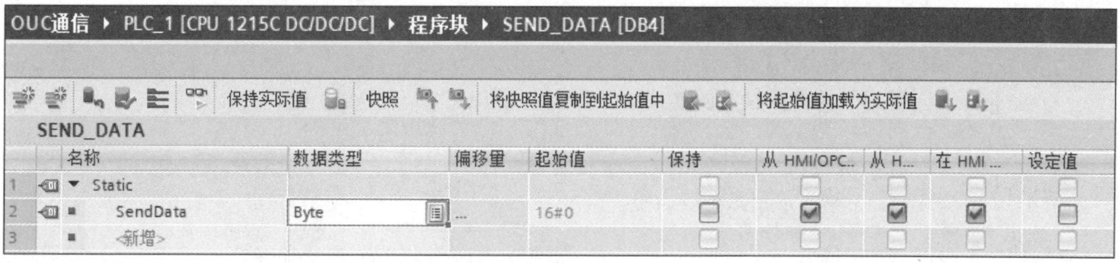

OUC通信 ▶ PLC_1 [CPU 1215C DC/DC/DC] ▶ 程序块 ▶ SEND_DATA [DB4]

	名称	数据类型	偏移量	起始值	保持	从 HMI/OPC..	从 H..	在 HMI ..	设定值
1	▼ Static				☐	☐	☐	☐	☐
2	■　SendData	Byte	...	16#0	☐	☑	☑	☑	☐
3	■　<新增>				☐	☐	☐	☐	☐

图 12.44　创建发送数据变量

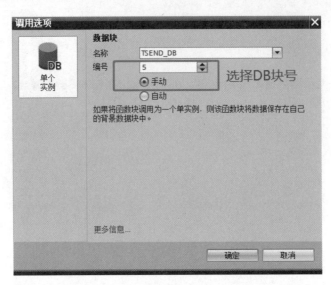

图 12.45　添加 TSEND 指令

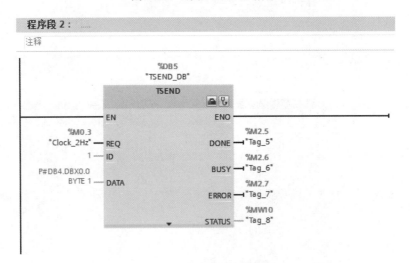

图 12.46　设置 TSEND 指令的参数

表 12.8　TSEND 指令接口参数

输入接口参数	功能	输出接口参数	功能
REQ	在上升沿启动发送作业	DONE	任务执行完成并没有错误，该位置 1
ID	引用由 TCON 建立的连接	BUSY	该位为 1 代表任务未完成，不能激活新任务
DATA	发送数据区的数据，使用指针寻址，DB 块要选用绝对寻址	ERROR	通信过程中有错误发生，该位置 1
—	—	STATUS	有错误发生时，会显示错误信息号

表 12.9　部分错误代码

ERROR	STATUS (W#16#...)	说明
1	80A1	连接或端口被用户使用 通信错误： 尚未建立指定的连接； 正在终止指定的连接； 无法通过此连接进行传输
1	80A4	远程连接端点的 IP 无效或与本地伙伴 IP 重复
1	80A7	通信错误，在发送作业完成前已通过 COM_RST=1 调用指令
1	80AA	另一个块正在使用相同的连接 ID 建立连接，将在参数 REQ 的新上升沿重复作业
1	8085	参数 LEN 大于允许的最大值
1	8086	参数 CONNECT 中的参数 ID 超出了允许范围
1	8087	已达到连接的最大数，无法建立更多连接
1	8088	参数 LEN 的值与参数 DATA 中设置的接收区不匹配
1	8091	超出最大嵌套深度
1	809A	CONNECT 参数所指向的区域与连接描述信息的长度不匹配
1	809B	InterfaceID 无效，值为 0 或没有指向本地 CPU 或 CP（PLC 的以太网通信模块）
1	8722	参数 CONNECT 源范围无效，数据块中不存在该区域
1	873A	参数 CONNECT 无法访问连接描述
1	877F	参数 CONNECT 内部错误
1	8822	参数 DATA 源范围无效，数据块中不存在该范围
1	8824	参数 DATA 指针 VARIANT 存在区域错误
1	8832	参数 DATA 数据块编号过大
1	893A	参数 DATA 无法访问发送区

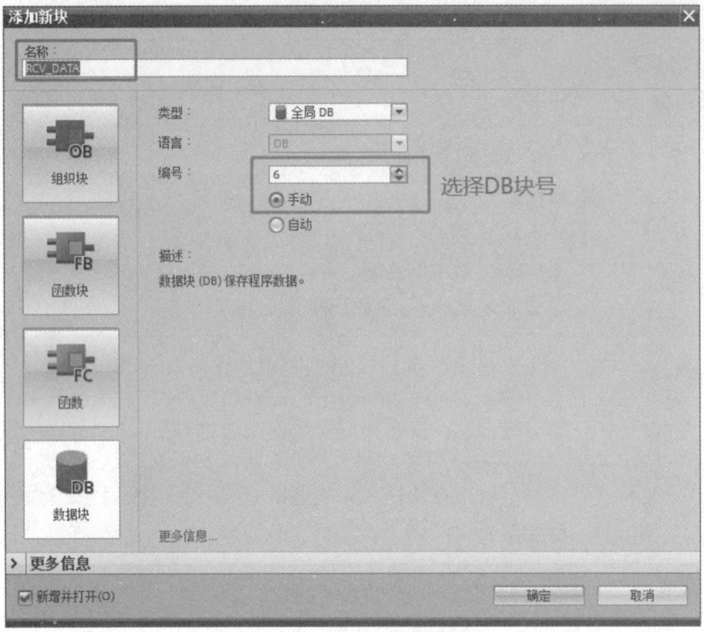

图 12.47　添加接收数据块

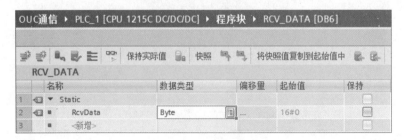

图 12.48　取消优化的块访问

图 12.49　创建接收数据变量

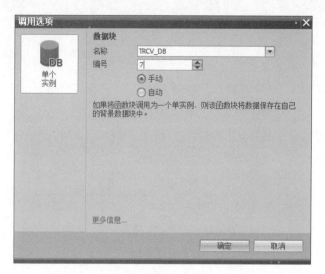

图 12.50　创建 TRCV 指令数据块

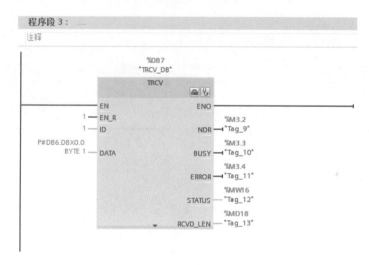

图 12.51　TRCV 指令设置

表 12.10　TRCV 指令接口参数

输入接口参数	功能	输出接口参数	功能
EN_R	启用接收功能	NDR	该位为 1，接收任务成功完成
ID	指向使用"TCON 建立的连接"的引用	BUSY	该位为 1，代表任务未完成，不能激活新任务
DATA	接收数据区的数据，使用指针寻址，DB 块要选用绝对寻址	ERROR	通信过程中有错误发生，该位置 1
—	—	STATUS	有错误发生时，会显示错误信息号
—	—	RCVD_LEN	实际接收数据的字节数

表 12.11　部分错误代码

ERROR	STATUS (W#16#...)	说明
1	8085	LEN 参数大于最大允许值
1	8086	连接 ID 无效，超出了最大允许范围
1	8088	接收缓存区太小
1	80A1	通信故障：连接 ID 未就绪
1	80B3	通信协议被设置成 UDP
1	80C3	连接 ID 被其他块使用
1	80C4	临时通信故障，无法建立通信
1	80C5	远程通信伙伴被断开了连接
1	80C6	连接不到远程通信伙伴
1	80C7	超时
1	80C9	接收缓存区小于发送缓存区

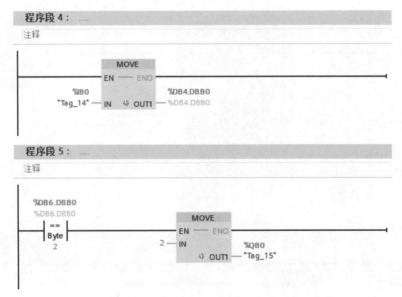

图 12.52　S7-1200PLC 的 OB1 中的其他程序

打开 S7-300PLC 的 OB1，调用 TCON 指令，如图 12.53 所示，TOCN 指令的参数设置如图 12.54 所示。查看 TCON 指令的属性，如图 12.55 所示。

创建一个 S7-300PLC 的发送数据块 DB3，如图 12.56 所示。在 DB3 内创建一个字节的变量"300SENDDATA"用来存储待发送的数据，如图 12.57 所示。调用 TSEND 指令，并填写相关参数，如图 12.58 和图 12.59 所示。还需要创建一个接收数据块 DB5，如图 12.60 所示。在接收数据块内创建一个字节的接收数据变量"300RCVDATA"，如图 12.61 所示。在 OB1 的程序段 3 内调用 TRCV 指令，填写 TRCV 指令的相关参数，如图 12.62 所示。程序段 4 和程序段 5 内分别是接收 S7-1200PLC 数据后执行的程序和将数据发送到发送数据块中的程序，如图 12.63 所示。至此，编程完毕，开放式用户通信示例完成。

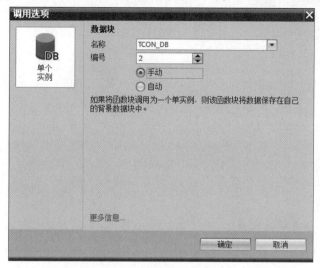

图 12.53　调用 TCON 指令

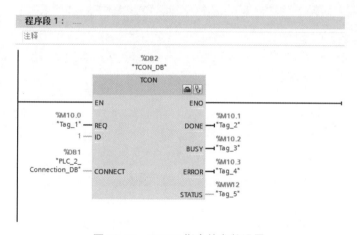

图 12.54　TCON 指令的参数设置

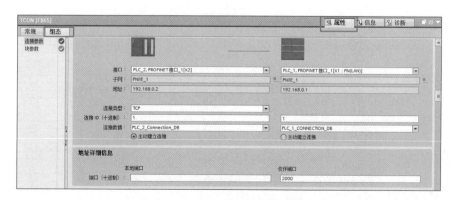

图 12.55　TCON 指令的属性

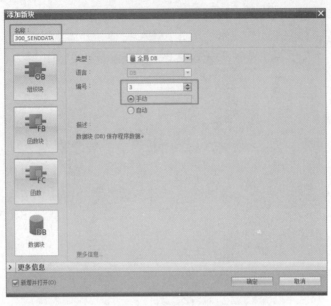

图 12.56　创建发送数据块

OUC通信 ▸ PLC_2 [CPU 314C-2 PN/DP] ▸ 程序块 ▸ 300_SENDDATA [DB3

		名称	数据类型	偏移量	起始值
1	▼	Static			
2	■	300SENDDATA	Byte	...	16#0

图 12.57　DB3 内创建的发送数据变量

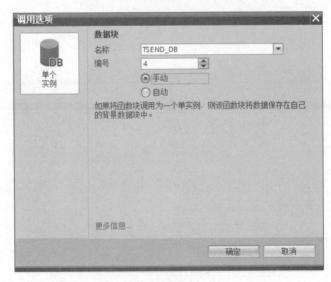

图 12.58　调用 TSEND 指令

程序段 2 : ——

注释

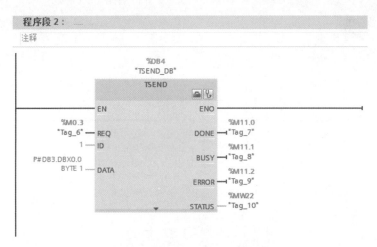

图 12.59　填写 TSEND 指令相关参数

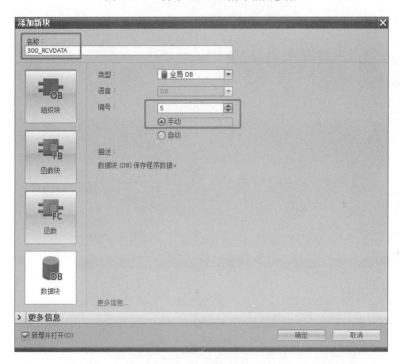

图 12.60　创建接收数据块

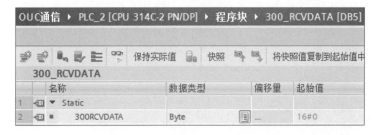

图 12.61　创建接收数据变量

程序段 3：……

注释

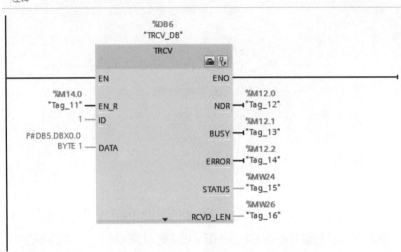

图 12.62　填写 TRCV 指令相关参数

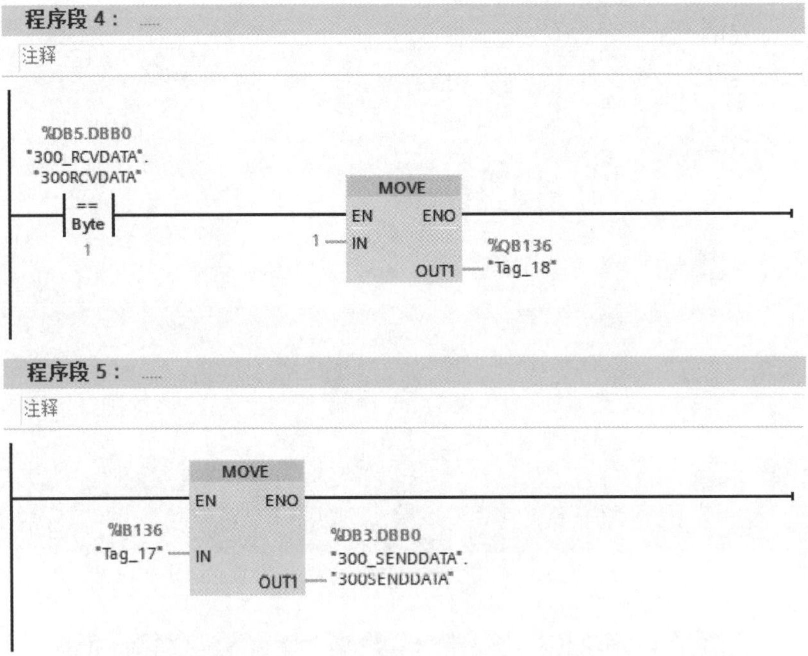

程序段 4：……

注释

程序段 5：……

注释

图 12.63　S7-300PLC 中的其他程序

参 考 文 献

[1] 胡健. 西门子 S7-300PLC 应用教程[M]. 北京：机械工业出版社，2019.

[2] 廖常初. PLC 编程及应用[M]. 北京：机械工业出版社，2015.

[3] 杨晋萍，孙竹梅. 可编程控制器原理及应用[M]. 北京：中国电力出版社，2013.

[4] 廖常初. S7-300/400PLC 应用技术[M]. 3 版. 北京：机械工业出版社，2012.

[5] 廖常初. S7-1200PLC 编程及应用［M］. 2 版. 北京：机械工业出版社，2010.

[6] 向晓汉，陆彬. 西门子 PLC 与工业通信网络应用案例精讲［M］. 2 版. 北京：化学工业出版社，2011.

[7] 王永华. 现代电气控制及 PLC 应用技术[M]. 北京：北京航空航天大学出版社，2012.

[8] 柳春生. 西门子 PLC 应用与设计教程[M]. 2 版. 北京：机械工业出版社，2011.

[9] 张国德. PLC 原理及应用[M]. 北京：机械工业出版社，2010.

[10] 姜建芳. 电气控制与 S7-300PLC 工程应用技术[M]. 北京：机械工业出版社，2020.